“十二五”国家重点图书出版规划项目

青少年太空探索科普丛书

揭开金星神秘的面纱

焦维新◎著

人类竭力揭开了金星面纱的一角，

原来里面不是美女，

倒像是严肃刻板的使者：

独特的样貌、奇异的气场、浑身的未解之谜……

不能止步于表面，

人类正在深入了解金星的征程上。

图书在版编目（CIP）数据

揭开金星神秘的面纱／焦维新著. -- 北京：知识产权出版社，2017.8（重印）
（青少年太空探索科普丛书）
ISBN 978-7-5130-3640-5

Ⅰ. ①揭… Ⅱ. ①焦… Ⅲ. ①金星－青少年读物 Ⅳ. ①P185.2-49

中国版本图书馆CIP数据核字（2015）第156519号

内容简介

厚重的大气层为金星蒙上了一层神秘的面纱，使人们无法看清其真面目。苏联发射的金星系列探测器历尽千险，终于在金星表面着陆，使人类发现，原来金星表面环境竟如地狱般恶劣。随后，美国国家航空航天局和欧洲空间局发射的多个探测器，进一步揭示了金星大气层和表面形态的重要特征。至今，金星还有许多未解之谜，深入探测金星也面临许多技术挑战。对此，本书还较详细地介绍了人类未来探索金星要解决的技术难点和有代表性的金星探测计划。

责任编辑： 陆彩云　张珑　　　**责任出版：** 刘译文

青少年太空探索科普丛书
揭开金星神秘的面纱　JIEKAI JINXING SHENMI DE MIANSHA
焦维新　著

出版发行： 知识产权出版社有限责任公司　　**网　　址：** http://www.ipph.cn
　　http://www.laichushu.com
电　　话： 010-82004826
社　　址： 北京市海淀区气象路50号院　　**邮　　编：** 100081
责编电话： 010-82000860转8110/8540　　**责编邮箱：** riantjade@sina.com
发行电话： 010-82000860转8101/8029　　**发行传真：** 010-82000893/82003279
印　　刷： 北京建宏印刷有限公司　　**经　　销：** 各大网上书店、新华书店
开　　本： 720mm×1000mm　1/16　　**印　　张：** 9
版　　次： 2015年11月第1版　　**印　　次：** 2017年8月第2次印刷
字　　数： 137千字　　**定　　价：** 36.00元

ISBN 978-7-5130-3640-5

自序

在北京大学讲授“太空探索”课程已近二十年，学生选课的热情和对太空的关注度，给我留下了深刻的印象。这门课程是面向文理科学生的通选课，每次上课限定二百人，但选课的人数有时多达五六百人。近年来，我加入了“中国科学院老科学家科普演讲团”，每年在大、中、小学及公务员中作近百场科普讲座。广大青少年在讲座会场所洋溢出的热情令我感动。学生听课时的全神贯注、提问时的踊跃，特别是讲座结束后众多学生围着我要求签名的场面，使我感触颇深，学生对于向他们传授知识的人是多么敬重啊！

上述情况说明，广大中小学生和民众非常关注太空活动，渴望了解太空知识。正是基于这样的认识，我下决心“开设”一门中学生版的“太空探索”课程。除了继续进行科普宣传外，我还要写一套适合于中小学生的太空探索科普丛书，将课堂扩大到社会，使读者对广袤无垠的太空有系统的了解和全面的认识，对空间技术的魅力有深刻的体会，从根本上激励青少年热爱科学、刻苦学习、奋发向上，树立为祖国的科技腾飞贡献力量的理想。

我在着手写这套科普丛书之前，已经出版了四部关于空间科学与技术方面的大学本科教材，包括专为太空探索课程编著的教材《太空探索》，但写作科普书还是第一次。提起科普书，人们常用“知识性、趣味性、可读性”来要求，但满足这几点要求实在太不容易了。究竟选择哪些内容？怎样使读者对太空探索活动和太空科学知识产生兴趣？怎样的深度才能适合更多的人阅读？这些都是需要逐步摸索的。

为了跳出写教材的思路，满足知识性、趣味性和可读性的要求，本套丛书写作伊始，我就请夫人刘月兰做第一个读者，每写完两三章，就让她阅读，并分为三种情况。第一种情况，内容适合中学生，写得也较通俗易懂，这部分就通过了；第二种情况，内容还比较合适，但写得不够通俗，用词太专业，对于这部分内容，我进一步在语言上下功夫；第三种情况，内容太深，不适于中学生阅读，这部分就删掉了。儿子焦长锐和儿媳周媛都是从事社会科学的，我也让他们阅读并提出修改意见。

科普书与教材的写作目的和要求大不一样。教材不管写得怎样，学生都要看下去，因为有考试的要求；而对于科普书来说，阅读科普书是读者自我教育的过程，如果没有兴趣，看不下去，知识性再强，也达不到传递知识的目的。因此，对科普书的最基本要求是趣味性和可读性。

自加入中国科学院老科学家科普演讲团后，每年给大、中、小学生作科普讲座的次数明显增多。这种经历使我对不同文化水平人群的兴趣点、接受知识的能力等有了直接的感受，因此，写作思路也发生了变化。以前总是首先考虑知识的系统性、完整性和逻辑性，现在我首先考虑从哪儿入手能引起读者的兴趣，然后逐渐展开。科普书不可能有小说或传记文学那样动人的情节，但科学上的新发现、科技在推动人类进步方面的巨大作用、优秀科学家的人格魅力，这些材料如果组织得好，也是可以引人入胜的。

内容是图书的灵魂，相同的题材，可以有不同的内容。在内容的选择上，我觉得科普书应该给读者最新的、最前沿的知识。例如，《太空资源》一书中，我将哈勃空间望远镜和斯皮策空间望远镜拍摄到的具有代表性的图片展示给读者，这些图片都有很高的清晰度，充满梦幻色彩，非常漂亮，让读者直观地看到宇宙深处的奇观。读者在惊叹之余，更能领略到人类科技的魅力。

在创作本套丛书时，我尽力在有关的章节中体现这样的思想：科普图书不光是普及科学知识，更重要的是要弘扬科学精神、提高科学素养。太空探索之路是不平坦的，充满了挑战，航天员甚至要面对生命危险。科学家们享受过成功的喜悦，也承受了一次次失败的打击。没有强烈的探索精神，没有坚强的战斗意志，人类不可能在太空探索方面取得如此辉煌的成就。

现在呈现给大家的《青少年太空探索科普丛书》，系统地介绍了太阳系天体、空间环境、太空技术应用等方面的知识，每册一个专题，具有相对独立性，整套则使读者对当今重要的太空问题有系统的了解。各分册分别是《月球文化与月球探测》《遨游太阳系》《地外生命的365个问题》《间谍卫星大揭秘》《人类为什么要建空间站》《空间天气与人类社会》《揭开金星神秘的面纱》《北斗卫星导航系统》《太空资源》《巨行星探秘》。经过知识产权出版社领导和编辑的努力，这套丛书已经入选国家新闻出版广电总局“十二五”国家重点图书出版规划项目，其中《月球文化与月球探测》已于2013年11月出版，并获得科技部评选的2014年“全国优秀科普作品”，其他九个分册获得2015年度国家出版基金的资助。

为了更加直观地介绍太空知识，本丛书含有大量彩色图片，书中部分图片已标明图片来源，其他未标注图片来源的主要取自美国国家航空航天局（NASA）、太空网（www.space.com）、喷气推进实验室（JPL）和欧洲空间局（ESA）的网站，也有少量图片取自英文维基百科全书等网站。在此对这些网站表示衷心的感谢。

鉴于个人水平有限，书中不免有疏漏不妥之处，望读者在阅读时不吝赐教，以便我们再版时做出修正。

目录
ONTENTS

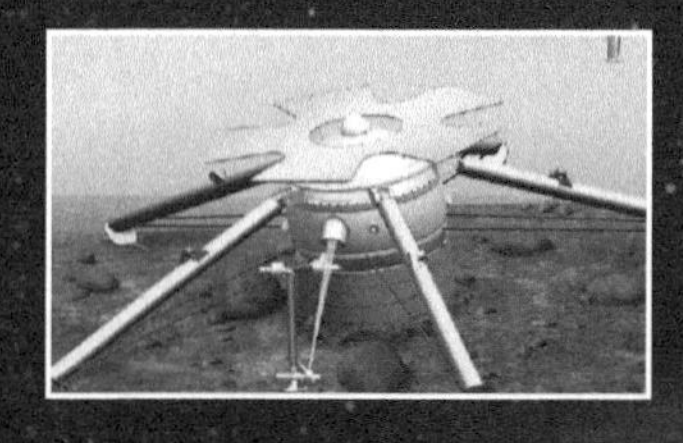

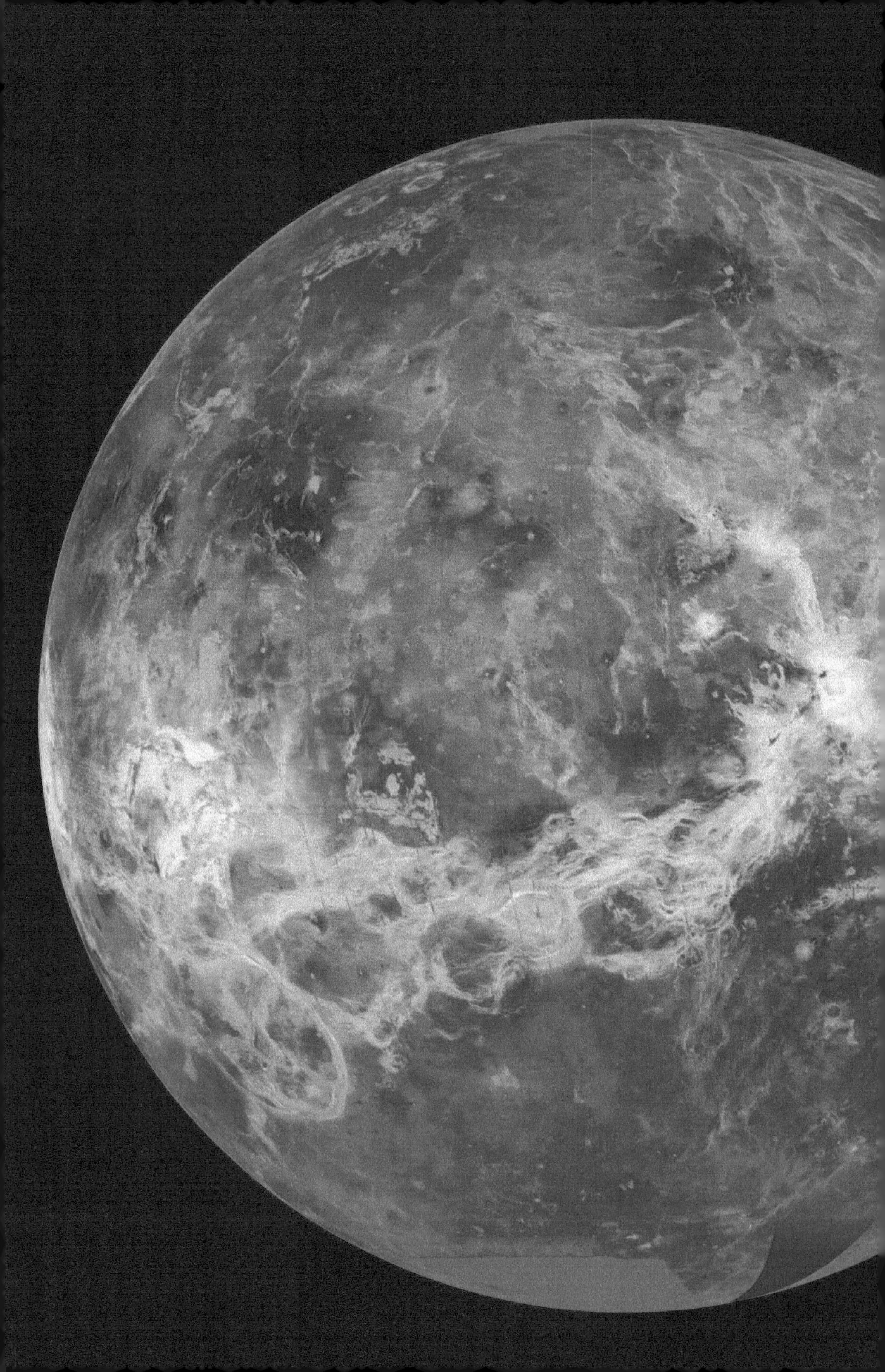

第1章

神话传说中的金星

微风拂过的傍晚，太阳挂在天边，余晖下的晚霞艳丽旖旎，一颗星星静静地挂在天上，明媚而美好——它就是金星。

美女的化身

这是一幅多么美好的画面！

金星是天空中除太阳和月亮外最亮的星，比著名的天狼星（除太阳外全天最亮的恒星）还要亮 14 倍，镶嵌在天空中犹如一颗耀眼的钻石。在希腊神话中它被称为阿芙拉迪特（Aphrodite）——爱与美的女神，在罗马神话中被称为维纳斯（Venus）——美神，可想而知，在人们的心目中，金星是多么美丽啊！

▲ 金星伴月，可以看到金星在天空中的亮度非常高。

希腊神话中，阿芙拉迪特是宙斯和大洋女神狄俄涅的女儿，诞生于浪花之中，故又称“阿娜狄俄墨涅”（出水之意）。阿芙拉迪特被当作爱情、性欲和美的女神，她的形象多显得风华正茂、容光焕发，在后人的艺术作品中常被描绘成裸体女性。现藏于法国卢浮宫博物馆的“米洛斯的阿芙拉迪特”，是关于阿芙拉迪特最著名的雕像。该雕像创作于公元前 2 世纪的希腊，作品中阿芙拉迪特呈半裸状。整个雕像为大理石圆雕，高 2.04 米，由阿历山德罗雕刻，于 1820 年在爱琴海米洛斯岛的山洞中被发现。

罗马神话中，维纳斯是爱与美神，拥有最完美的身材和容貌，一直被认为是女性体形美的最高象征。她的美貌使众女神羡慕不已，也让无数天神为之着迷。金星的天文符号就是用维纳斯的梳妆镜来表示的，而金星的名字就以维纳斯的名字——Venus 来命名的。

▲ 阿芙拉迪特雕塑

◀ 金星的天文符号以及维纳斯

慈祥的神仙

金星在我国古代被称为“太白”或“太白金星”，早上出现在东方时又叫“启明”“晓星”“明星”，傍晚出现在西方时也叫“长庚”“黄昏星”。由于它非常明亮，最能引起富于想象力的中国古人的联想，因此我国有关它的传说也就特别多。

太白金星是道教中知名度最高的神仙之一，在我国本土宗教道教中，他是核心成员之一，地位仅在三清（元始天尊、灵宝天尊、太上老君）之下。

最初，道教的太白金星是位穿着黄色裙子，戴着鸡冠，演奏琵琶的女神。明朝以后其形象演变为一位白发苍苍、表情慈祥的老人，他忠厚善良，经常奉玉皇大帝之命监察人间善恶，被称为“西方巡使”。在我国古典小说中，多次出现太白金星的形象，可见他的人气之旺。在《西游记》中，太白金星就是个多次和孙悟空打交道的“好老头儿”。

在汉语中，“金星”一词的“金”是金属的意思，取自于五行学说。五行是中国古代的一种物质观，多用于哲学、中医学和占卜方面。五行指：金、木、水、火、土。古人认为大自然由这五种要素构成，这五个要素的盛衰会使大自然产生变化，不但可以影响人的命运，同时也使宇宙万物循环不已。

▼ 金星在太阳系中的位置

第2章

地球的姊妹星

纵有万般不同，因为那点相似，那些亲近，金星和地球就成了“姊妹”。

本页图为金星凌日，黑点表示金星在太阳前面移动的各个位置。

大小相近似姊妹

▲ 地球

▲ 金星
半径只比地球小 326 千米;
平均密度约为地球的 95%;
质量为地球的 81.5%;
体积是地球的 88%。

金星自身并不发光，它的光辉来自其表面反射的太阳光，这一点与月球一样。因为金星、地球和太阳的相对位置在不断地变化，因此金星也像月球一样会出现位相变化，即从地球上看，金星被太阳照亮的部分会出现时多时少的周期性圆缺变化。事实上，凡是位于地球公转轨道以内的行星（除了金星之外还有水星）都有这种变化。这是 17 世纪初由伽利略发现的，这是哥白尼日心说的一个强有力的证据。

由于金星的轨道在地球轨道内侧，地球 - 金星视线与地球 - 太阳视线的最大夹角为 47°，地球的旋转率是每小时 15°，这意味着金星至多在日升以前或日落以后 3 小时内才能看见，因此，中国古时称金星为“启明”或“长庚”。

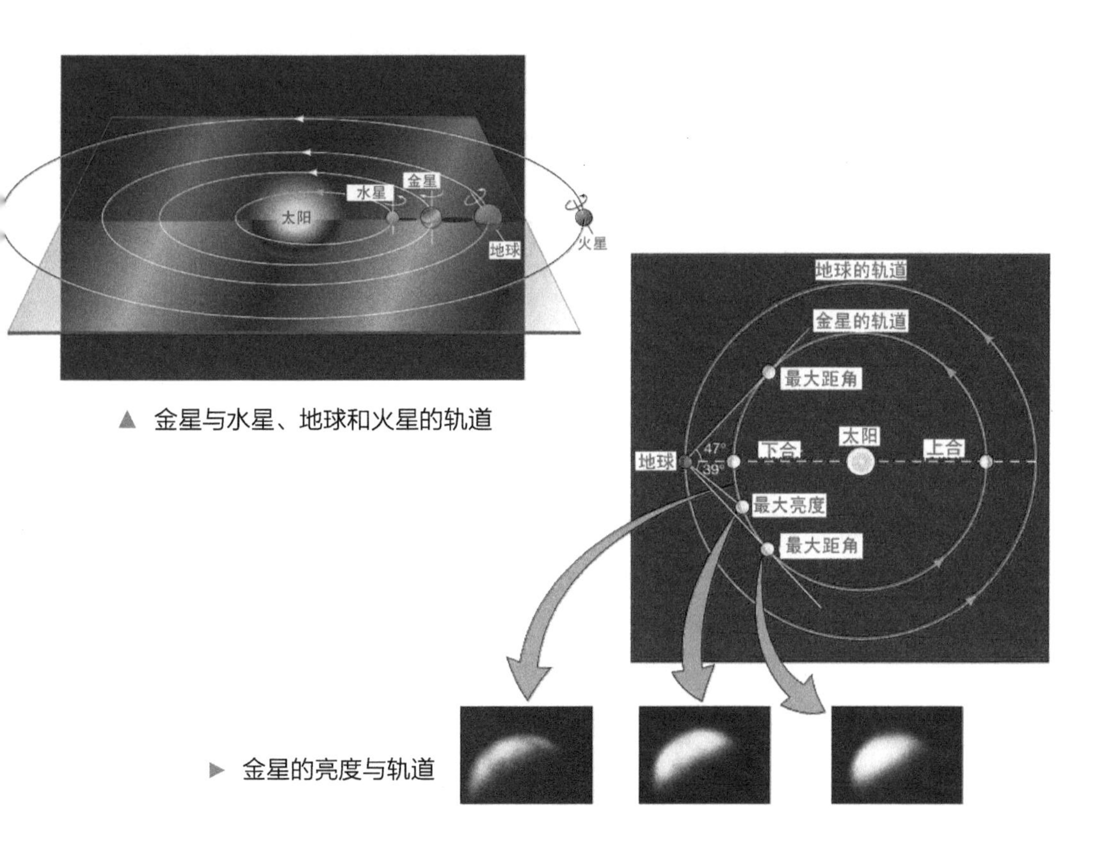

▲ 金星与水星、地球和火星的轨道

▶ 金星的亮度与轨道

▼ 金星的基本参数

基本参数	数 值	基本参数	数 值
半主轴	0.72AU①	质 量	0.81 地球
偏心率	0.007	平均密度	0.95 地球
近日距	0.72AU	赤道半径	0.95 地球
远日距	0.73AU	表面重力	0.91 地球
平均轨道速度	35.0 千米 / 秒	逃逸速度	10.4 千米 / 秒
恒星轨道周期	224.7 太阳日	自转周期	−243.0 太阳日（逆向旋转）
会合轨道周期	583.9 太阳日	平均表面温度	482℃
轨道倾角	3.39°	轴的倾角	177.4°

金星很亮的原因，一方面是它距太阳很近；另一方面是因为整个行星包裹着一层白中透黄的反光云，到达金星的阳光大约 70% 被反射到太空。

① AU 即天文单位，等于地球与太阳的平均距离。

人间地狱两重天

尽管金星与地球有许多相近之处，远看又如此美好，但其表面状态可比作地狱。金星平均高度处的温度为 437℃，最高处的温度比这个值低约 10℃；表面压强 92 巴，等效于地球海洋中将近 1 千米处的压强。另外，由于金星大气层的主要成分是二氧化碳，温室效应异常强烈，因此一年内温度的变化只有大约 1℃。再加上火山喷发出大量有害气体，金星表面环境被称为“地狱”毫不为过。

▼ 金星表面的环境

难识庐山真面目

由于金星被厚重的大气层包围着，所以在地面用望远镜根本看不清它的真实面目。就是围绕金星运行的探测器，如果不携带雷达，也只能看到金星云层的情况。

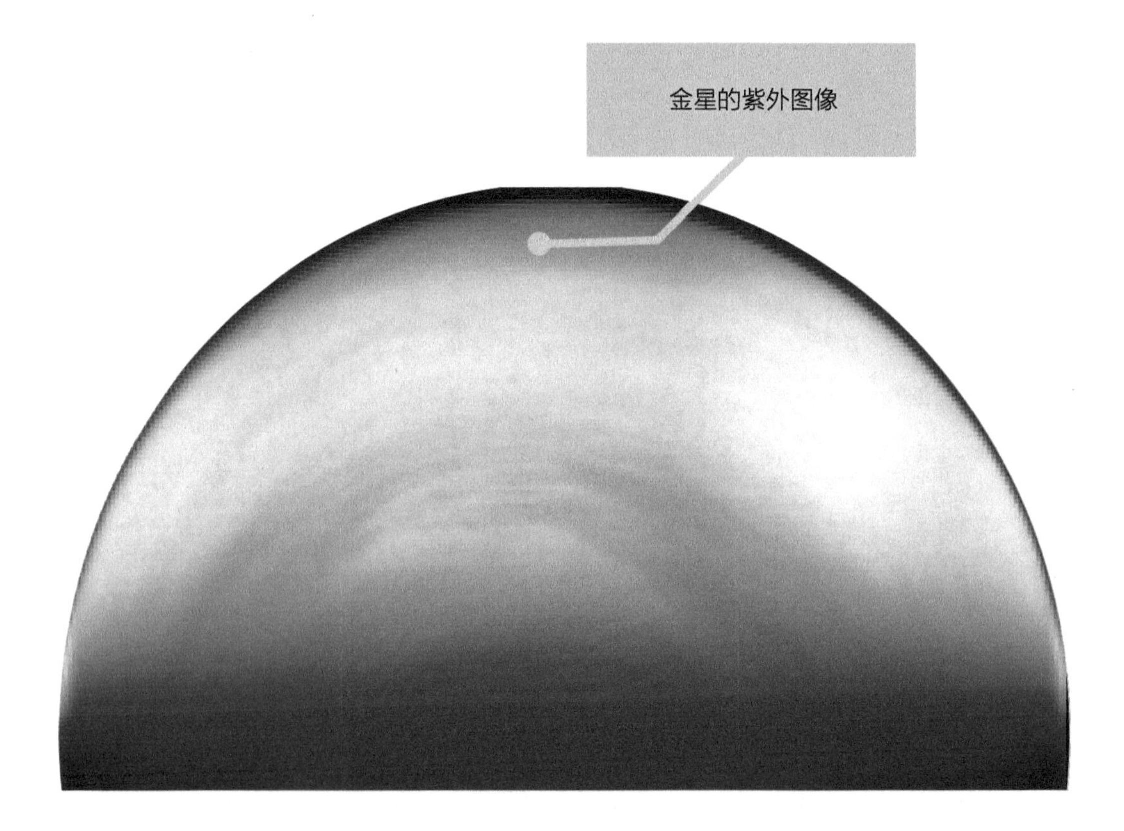
金星的紫外图像

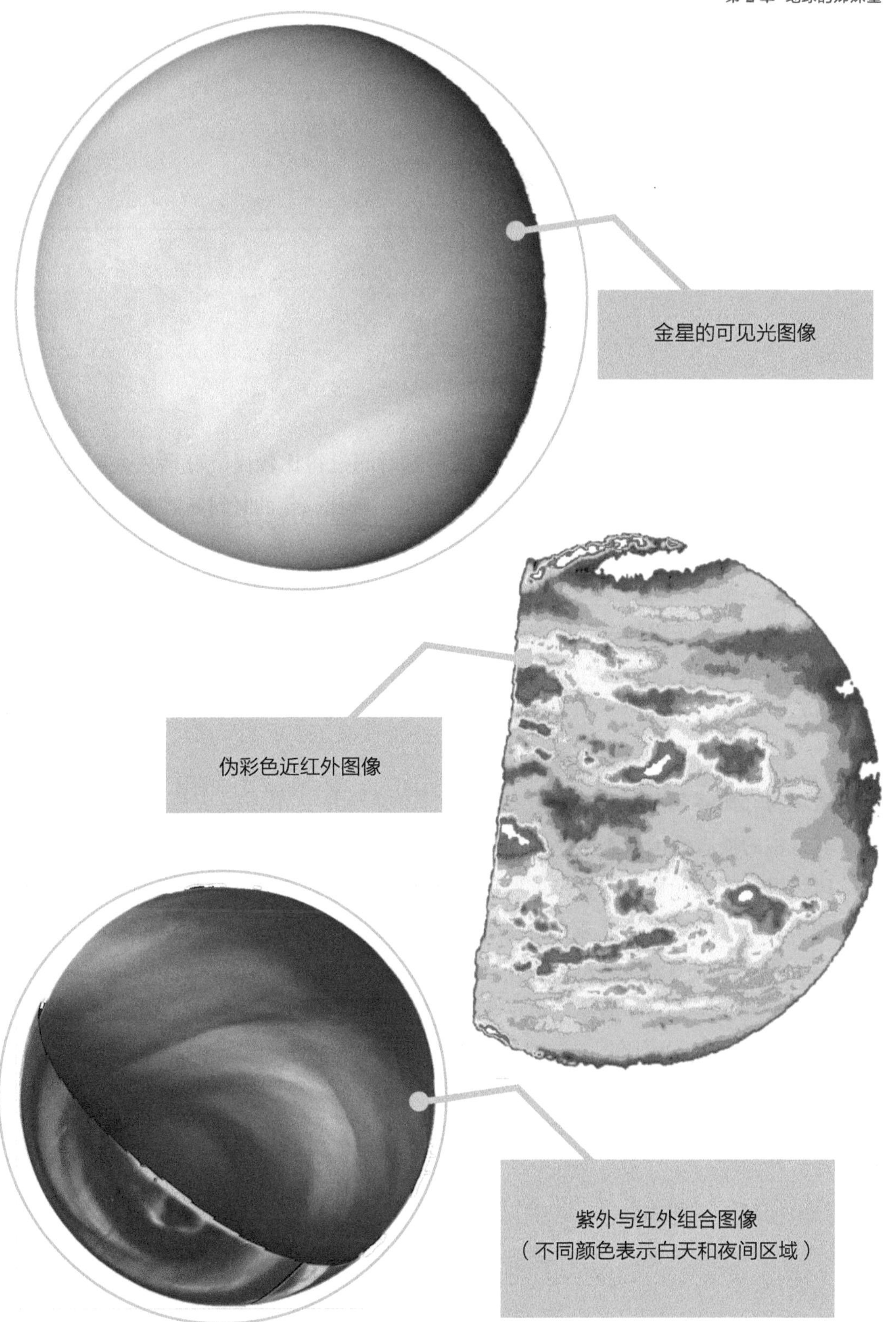
金星的可见光图像
伪彩色近红外图像
紫外与红外组合图像
（不同颜色表示白天和夜间区域）

金星自有“四大怪”

与地球的情况相比，金星有“四大怪”。

一怪：一天长于一年

一般人们常常用“度日如年”来形容时间过得比较慢。可是在金星上，这句话可不是形容词，而是实际情况，它的一天比一年的时间还要长。

我们平时所说的一天，是指地球自转一周所用的时间，即 23.9345 小时；而一年是指地球围绕太阳公转一周所用的时间，即 365.256 天。金星自转很慢，自转一圈所用的时间相当于地球的 243.0187 天。金星公转很快，轨道速度为 35.02 千米 / 秒，轨道周期为 224.701 天。很显然，金星的一天比一年还要长。

金星缓慢自转是其许多特性（如磁场、大气成分）的形成原因。金星的磁场与太阳系的其他行星相比是非常弱的，这可能是因为金星自转不够快，其地核的液态铁因切割磁感线而产生的磁场较弱造成的。而磁场较弱让太阳风可以毫无缓冲地撞击金星上层大气。研究认为，最早的时候，金星和地球的水在量上可能相当，因为太阳风的攻击让金星上层大气的水蒸气分解为氢和氧，氢原子因为质量小逃逸到了太空。金星上氘（氢的一种同位素，质量较大，逃逸得较慢）的比例似乎支持了这种理论。而氧元素则与其地壳中的物质化合，因而在大气中没有氧气。

二怪：太阳从西边出来

在地球上，当形容不可能做到的事情时常说“除非太阳从西边出来”。可在金星上，这句话是“绝对真理”。

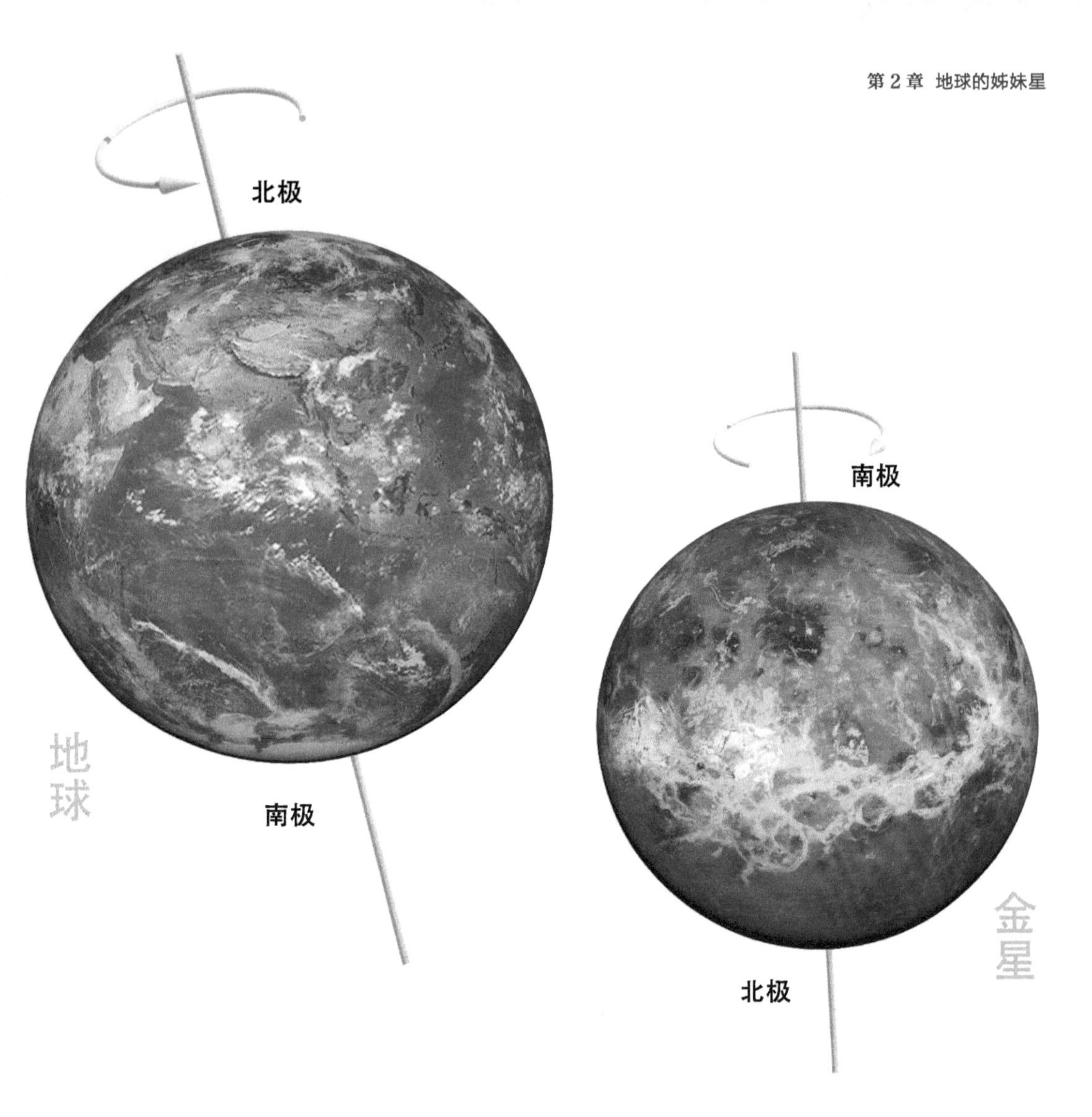

▲ 金星与地球的自转轴

金星的自转很特别，其赤道与黄道面（行星围绕太阳运行的轨道平面）的夹角为 177°，而地球的只有 23°，金星的自转方向与地球相反，因此，在金星上看，太阳是西升东落。这种现象有可能是很久以前金星与其他小行星相撞而造成的，但是目前还无法证明。

天文学上对太阳系行星“北”和“南”的定义是按传统的习惯，即行星总是从西向东旋转。而金星的自转是倒转的，按照这个定义，金星的北极应位于黄道面的下面，与其他类地行星不同。

三怪：身穿“棉衣”92 件

根据先驱者－金星多探测器的观测数据，金星表面大气压为 92 巴（巴为压强单位），而地球表面的大气压是 1.013 巴。也就是说，金星表面大气压是地球的 92 倍，相当于地球海洋中将近 1 千米深度处的压强。另外，金星大气的主要成分是温室气体二氧化碳，占总成分的 96%。如此高的大气压和如此高含量的二氧化碳，使金星的平均表面温度达 482℃，比离太阳更近的水星的平均温度还要高。所以可以说，金星身穿 92 件“衣服”，而且都是“棉衣”。

▲ 金星富含二氧化碳的大气层

四怪："凌日"循环 243 年

所谓"凌日"，就是太阳被遮挡。任何行星凌日的发生都是简单的几何问题：该行星必须从观察者和太阳之间通过。在地球上我们可以看到水星和金星凌日；在火星上，还可以看到地球凌日。由于金星围绕太阳公转时位于地球的内侧，照理说每年都会出现金星凌日现象。但实际上这样的事件不常发生，因为金星的轨道和地球黄道（由地球上看太阳在天空中的路径）并不在同一个平面。金星轨道和地球轨道有 3.4° 的夹角，因此即使金星和太阳在同一个方位（天文学中称之为"合"），大部分时候金星都在黄道的上方或下方，而不是横过太阳表面（下图左右两侧位置）。同样地，月球绕行地球也不是每个月都造成日食，它通常会由黄道的上方或下方通过。

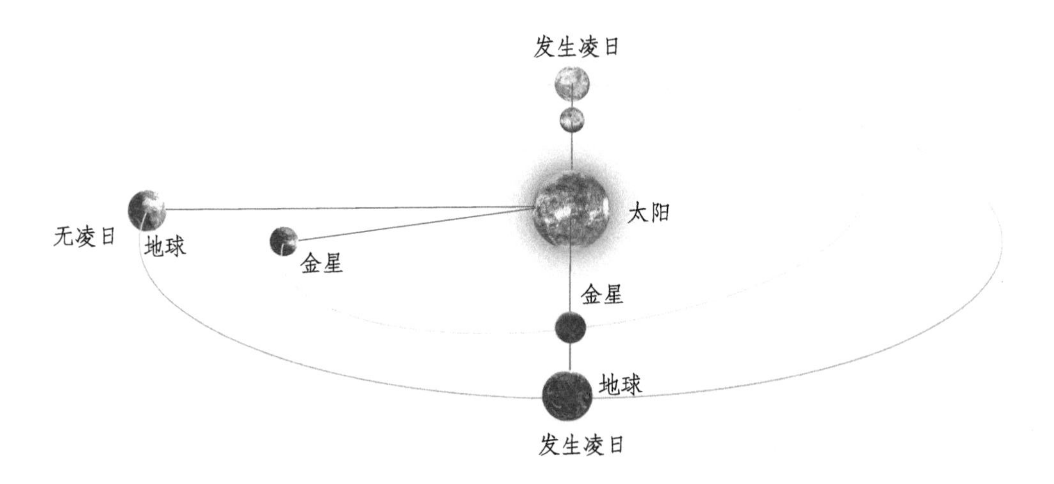

▲ 太阳、金星和地球的相对位置

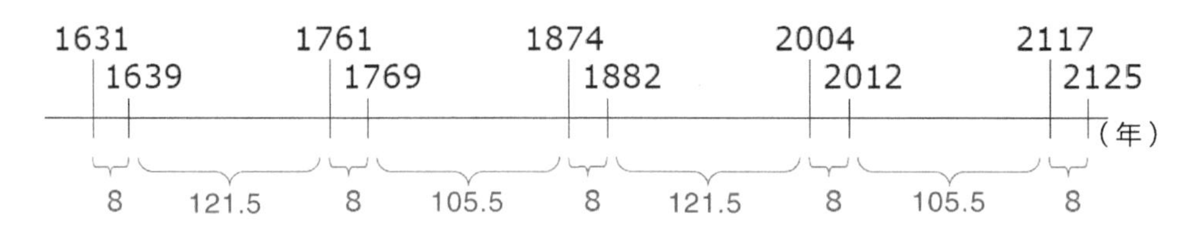

▲ 金星凌日的周期性变化

根据长时间的观测，现在人们已经发现，金星凌日出现的规律是每 243 年发生 4 次，间隔分别为 8 年、121.5 年、8 年和 105.5 年。最近一次的金星凌日发生在 2012 年 6 月 6 日，而下一次则要等到 2117 年 12 月。

在本章的最后，我们用一首诗来概括金星的特点：

百层大气围身边，
自转缓慢云超旋。
干燥炎热数第一，
奇在日出自西边。

金星在日面前移动的位置

金星凌日

第3章

独特的地貌

远观的美好藏不住金星的"个性"：平坦地势、独特的冕、高原、奇特火山、陨击坑和新颖的表面——原来浓淡总相宜。

本页图为金星的地貌之一——火山口。

惊人的平坦

地面雷达探测、先驱者－金星号轨道器和麦哲伦号探测器（以下简称麦哲伦号），先后对金星表面进行了探测，其中麦哲伦号对金星表面的雷达成像覆盖了金星 98% 的面积，分辨率为 120 ～300 米，高度测量的精度为 200 米。

根据麦哲伦号的探测结果，金星表面可划分为:（1）低洼平原，约占金星表面积的 27%，高度低于金星平均半径约 0 ～ 2 千米；（2）丘陵山地，约占总面积的 65%，高度高于平均半径 0 ～2 千米；（3）高原，约占总面积的 8%，高度高于平均半径 2 千米以上。

金星表面惊人的平坦，80% 的表面高度差在 ±1 千米以内，90% 的表面高度差为 −1 ~ +2 千米。从低地带安纳峡谷（−2 千米）到麦克斯韦山（12 千米），最大表面高度差约 14 千米。除少数地区外，金星绝大多数地区都是平坦的。

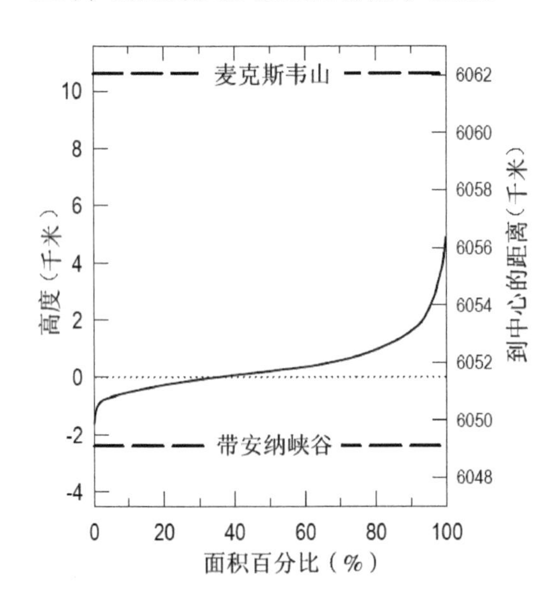

◀ 金星表面面积分布与高度的关系

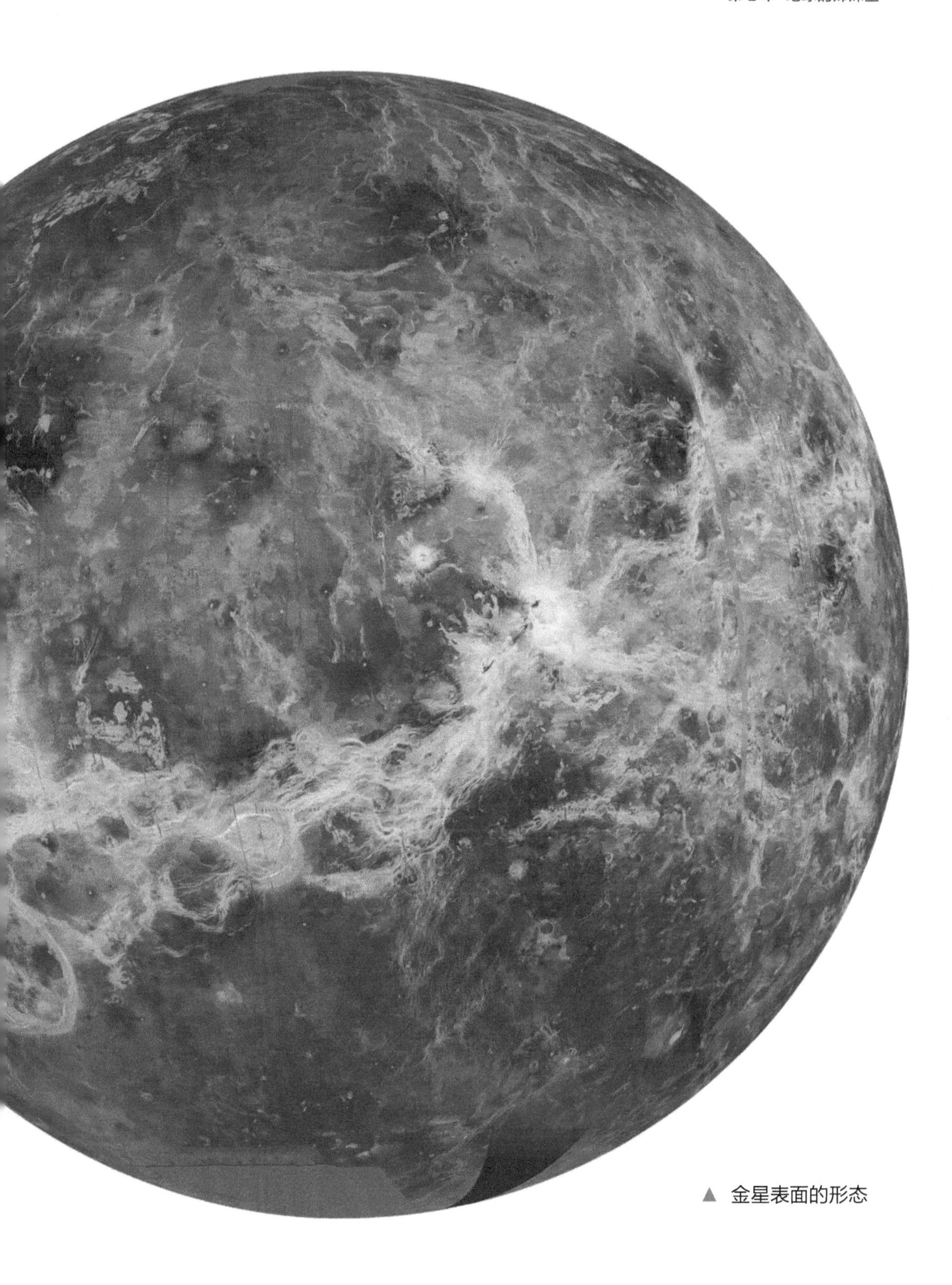

▲ 金星表面的形态

金星大部分表面由略微有些起伏的平原构成，也有几个宽阔的洼地，如阿塔兰大（Atalanta）平原、纪尼叶（Guinevere）平原和拉维尼亚（Lavinia）平原。

阿塔兰大平原中心在北纬 64°、东经 163°，是金星最辽阔的洼地，其表

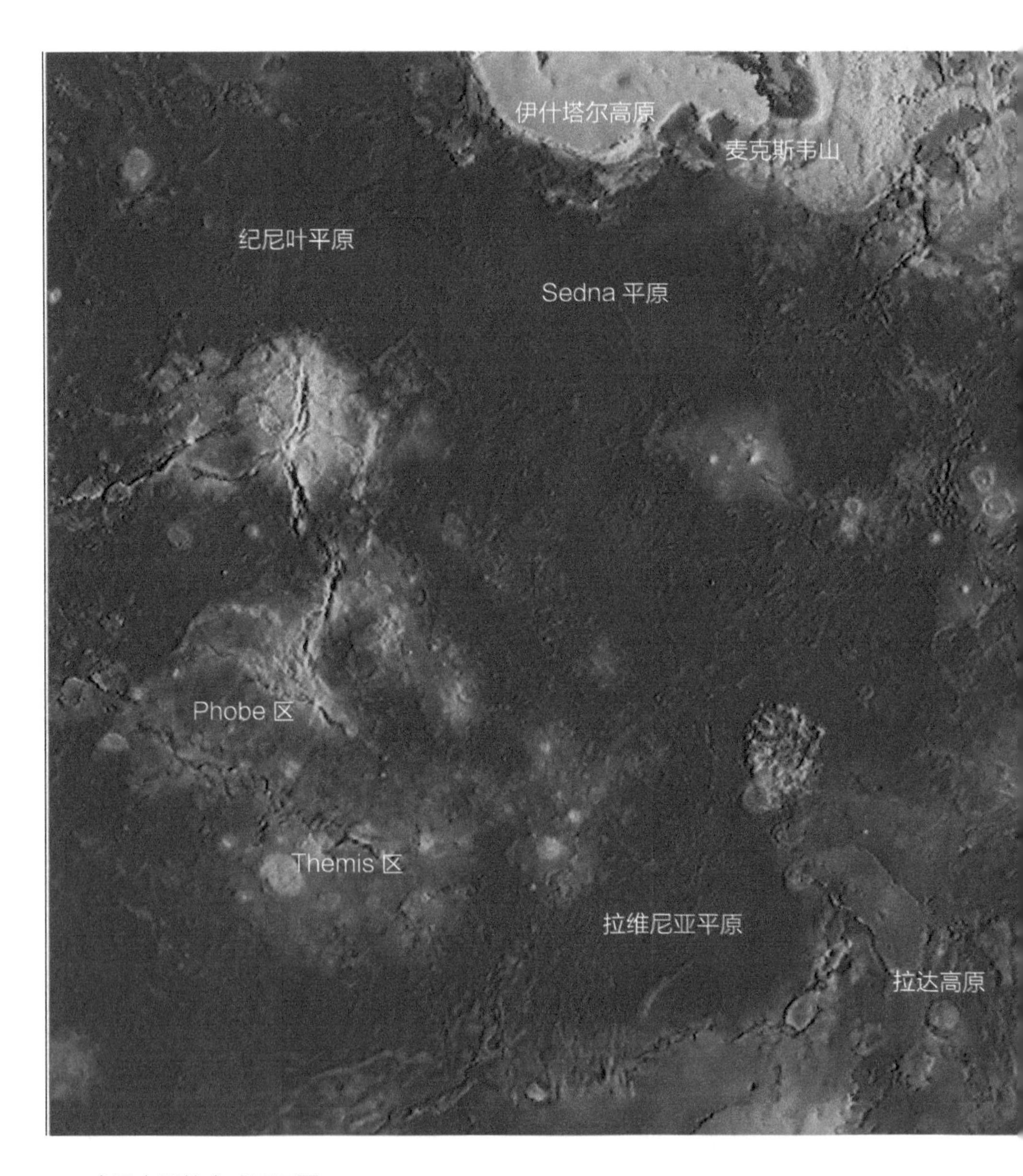

▲ 金星表面的全球展开图

面陨击坑稀少，低于金星平均半径 1.4 千米。这些洼地可能是火山平原。平原上有弯曲的“河床”，但不是水流，而是熔岩流形成的谷。这里有金星上最长的峡谷——巴尔提斯（Baltis）峡谷，长度达 6800 千米。

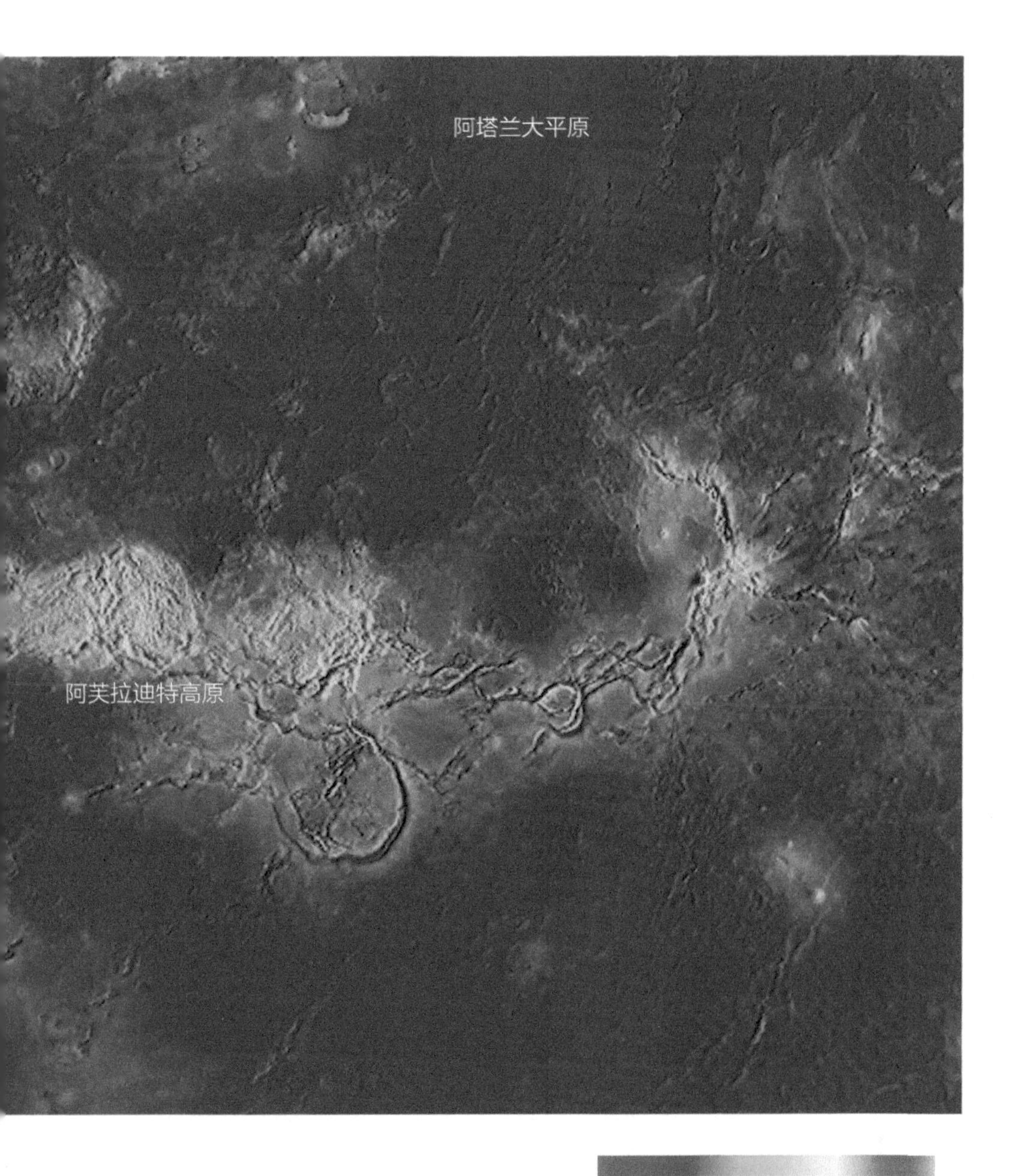

独特的大冕

冕（corona）是金星上一种圆形或椭圆形的结构，由中心隆起和断面围绕，在金星上已经辨别出 500 多个冕。在冕的内部常常有火山，许多冕由外延的岩浆流包围。冕一般比周围的平原高出至少 1 千米，但也有一些冕是凹陷的。大多数冕伴邻断裂谷或大峡谷系统。冕是热岩浆上升到达外壳，使外壳部分熔化和崩塌，产生的径向结构的火山流和断层。

金星上有一些具有特色的冕：下图 1 是金星上最大的冕——阿特弥斯（Artemis）冕，其尺度为 2500 千米；图 2 是阿拉迈提冕，其直径约 350 千

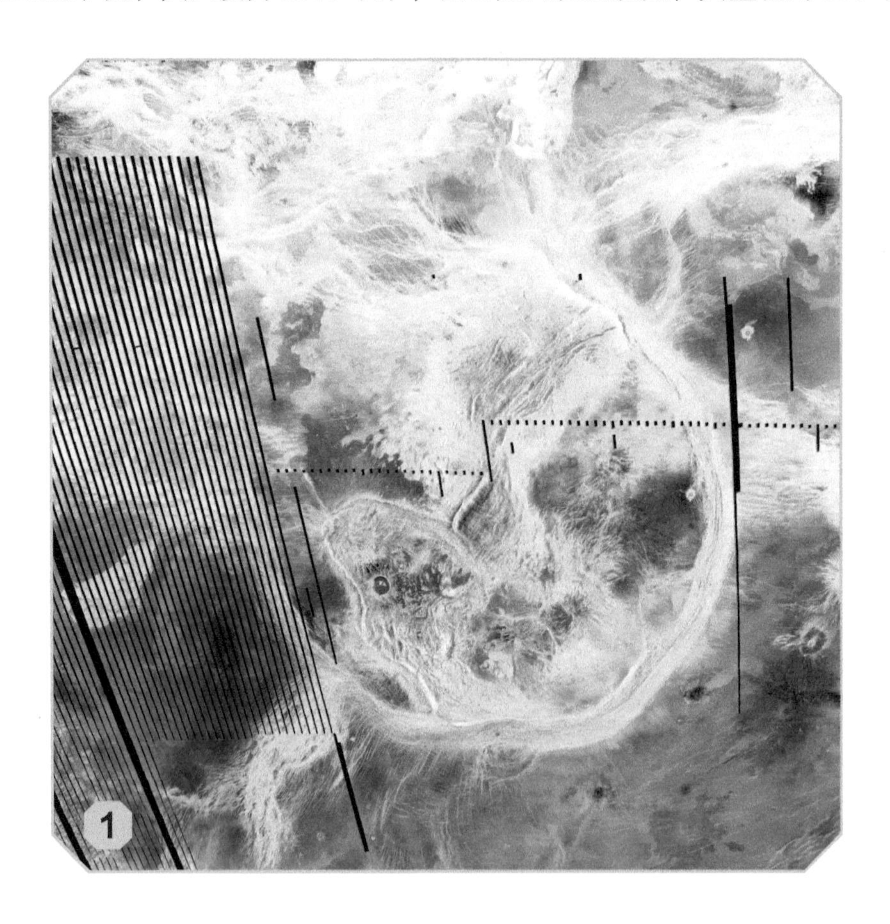

米，中心有圆丘；图 3 是呈现蜘蛛网状的冕，图 3（a）中的冕的尺度大约为 100 千米，图 3（b）中的冕有径向断裂的特征，但没有中心冕，尺度大约 250 千米；图 4 中的两个大冕，一个是长约 230 千米，宽约 150 千米的冕，另一个是直径约 350 千米的冕。

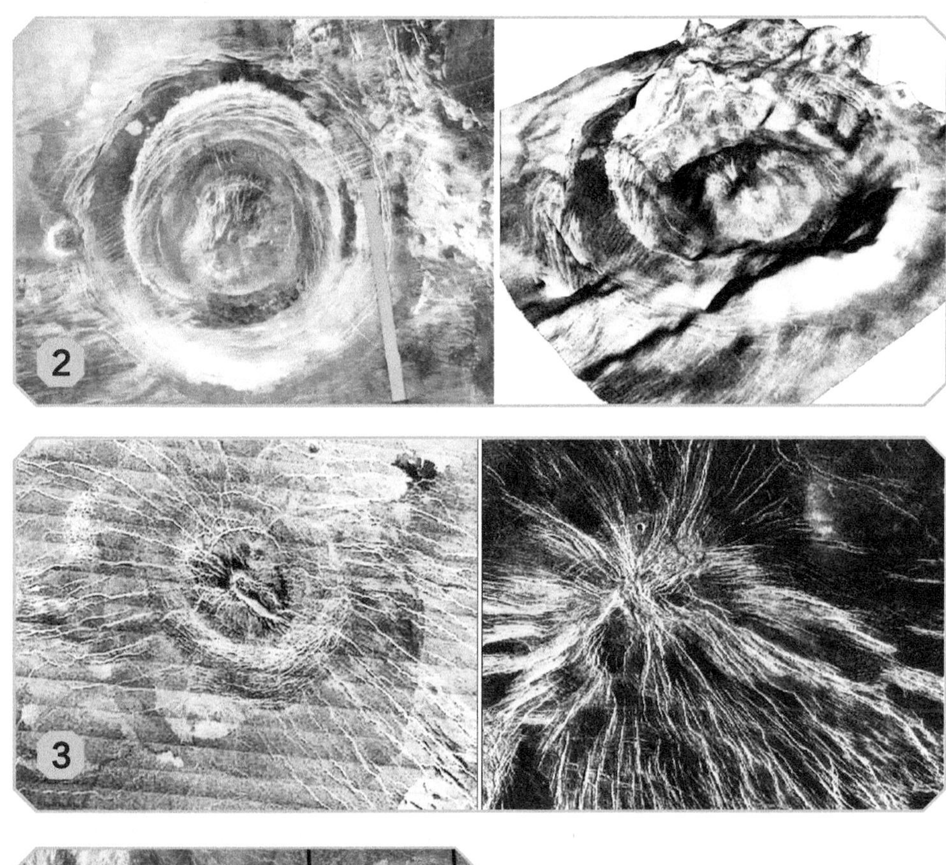

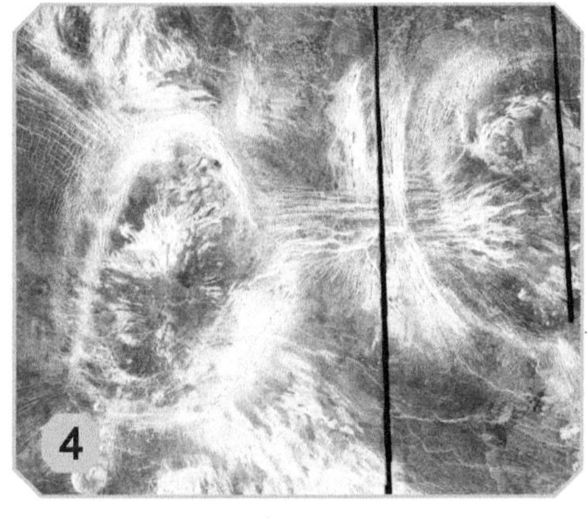

1 金星上最大的冕——阿特弥斯冕

2 阿拉迈提冕（灰条区域是无数据）

3 呈现蜘蛛网状的冕和径向断裂特征的冕

4 两个大冕

著名的高原

金星有 4 大高原：伊什塔尔高原（Ishtar Terra）、拉达高原（Lada Terra）、阿芙拉迪特高原（Aphrodite Terra）及由 Phoebe 和 Themis 区限定的区域。它们的直径为 1000 ～3000 千米，比周围高 0.5 ～4 千米。

其中最大的高原是北半球的伊什塔尔高原。它有三个山脉：东部麦克斯韦山是金星之巅，高达 12 千米，在其顶部可看到一个直径为 105 千米的陨击坑；北部山脉高约 3 千米；西部山脉高约 2 千米。

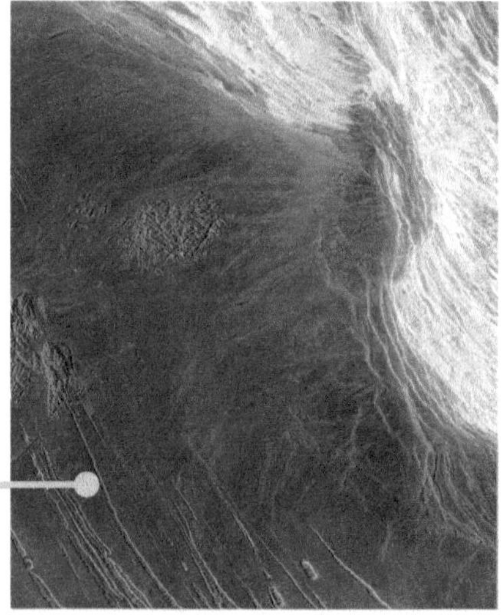

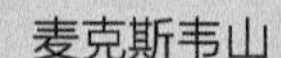

麦克斯韦山

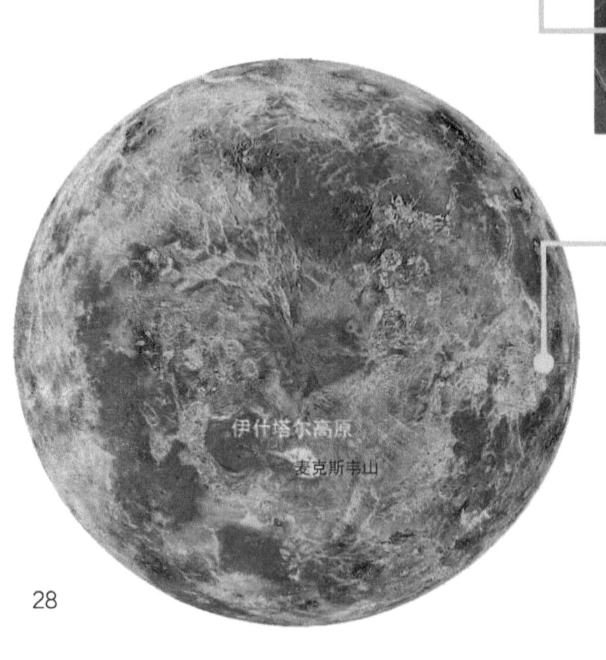

伊什塔尔高原与麦克斯韦山

阿芙拉迪特高原（中心东经为 90°）

阿芙拉迪特高原是金星上的第二大高原，位于赤道南面，经度为东经 60° ～150°。其面积约 3000 平方千米，相当于一个非洲大小，地形崎岖。它可分为三个区域：西部山脉区高达 5.5 千米；中部的复杂山脉相对较低；东部是弯曲山带，高达 5.7 千米，有很宽的鞍状复杂脊系。高原的东端有两个峡谷（Diana、Dali）。

奇特的火山

金星的表面主要是火山地形。虽然金星看起来与地球相似，但在地球上相当活跃的板块构造运动在金星是不存在的。金星表面的80%是由火山熔岩组成的平原拼接而成，并散布着100多个大型盾状火山、数百个小型火山以及火山地形结构，例如冕状物，巨大的环状结构横跨100～300千米，且高度超过金星表面数百米，目前只有天王星的卫星天卫五的表面发现具有这样的地质特征。

金星上的火山可划分为3种类型：（1）火山筑积物，尺度大于100千米，显示出大规模的岩浆流动，比周围高出3～5千米。目前在金星上已发现156个这种结构。撒帕斯（Sapas）火山是典型的大盾形火山。玛特火山（Maat Mons）高约8.5千米，直径400千米。西弗（Sif）盾形火山可能最近还活动过，有亮、暗熔岩流，较宽的最亮熔岩流是最近活动流出的，它们叠在较老的熔岩流（因而较暗）

上面。牛拉山（Gula）是在金星的艾斯特拉区西方的一座火山，它的高度约3千米，名称源自巴比伦的健康与医疗的女神。（2）中等大小（直径为20～100千米）火山构造有些是盾形火山，也有外貌似“烤饼”的平顶，平均直径25千米，最大高度750米，熔岩可能是较为黏性的。这种火山目前在金星上发现了300多座。（3）小火山（平均直径小于20千米），在金星上大约发现500座，成群地分布在全球。

除极大型的构造结构外，其他结构（直径一般小于300千米）似乎伴随着火山活动，冕属于这种情况。

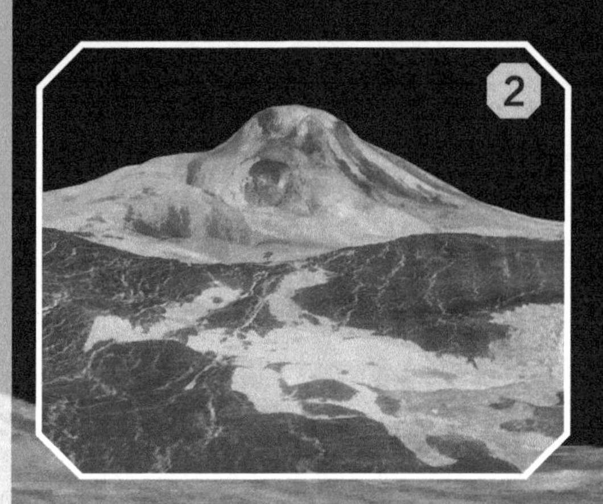

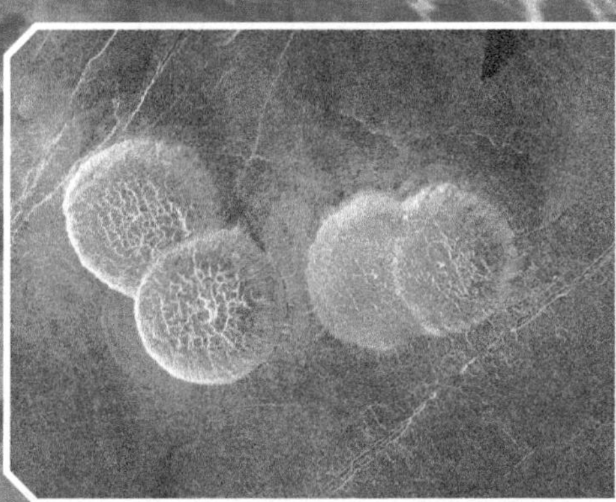

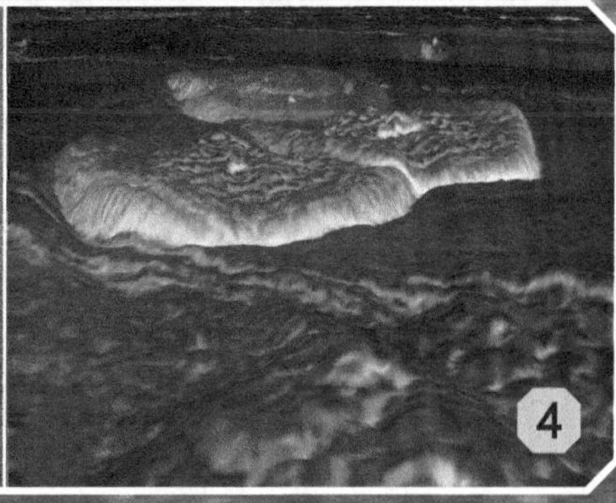

1 撒帕斯火山

2 玛特火山

3 牛拉山火山

4 岩浆产生的圆丘，其中右侧是计算机模拟图形

▲ 西弗火山

畸形的陨击坑

目前关于金星表面陨击坑的信息主要是根据雷达成像获得的。在雷达图像中，陨击坑有暗的环、亮的中心斑和亮的边缘（在雷达图像中亮区相应于粗糙的表面）。金星表面没有像月球、水星和火星表面那样的大量陨击坑和陨击盆地。在金星漫长的演变历史中，其表面状态肯定被火山活动和构造变形多次改变。从这个意义上来说，金星比其他内行星（水星和火星）更像地球。

由于金星的大气层厚重，一些流星体在穿过大气层的过程中破碎了，因此在金星表面所产生的小陨击坑具有不规则的形状，并以陨击坑群的形式出现，大的陨击坑有中心峰、峰环。金星几种典型形状的陨击坑如右图所示：Mead 是金星最大的陨击坑，直径 275 千米，是多环的盆地；Meitner 是一个多环陨击坑，直径 150 千米；Fouquet 陨击坑有中心峰和平坦的底部；Sanger 陨击坑有半个内峰环；从 Addams 陨击坑流出的约 600 千米的长瓣，可能与表面物质熔化有关。

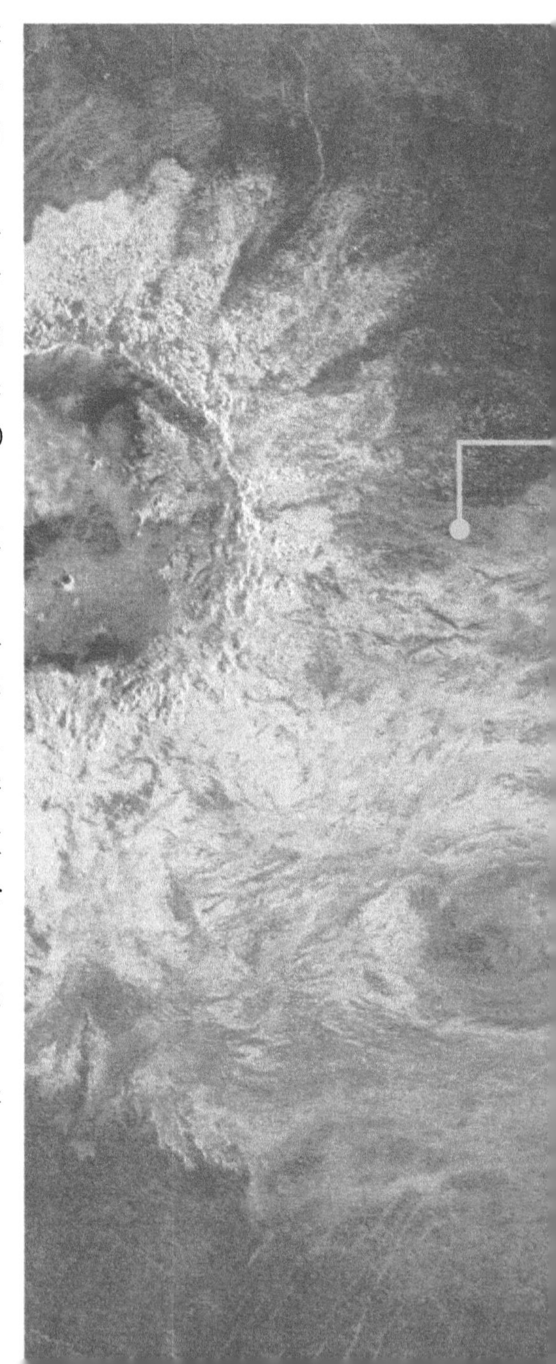

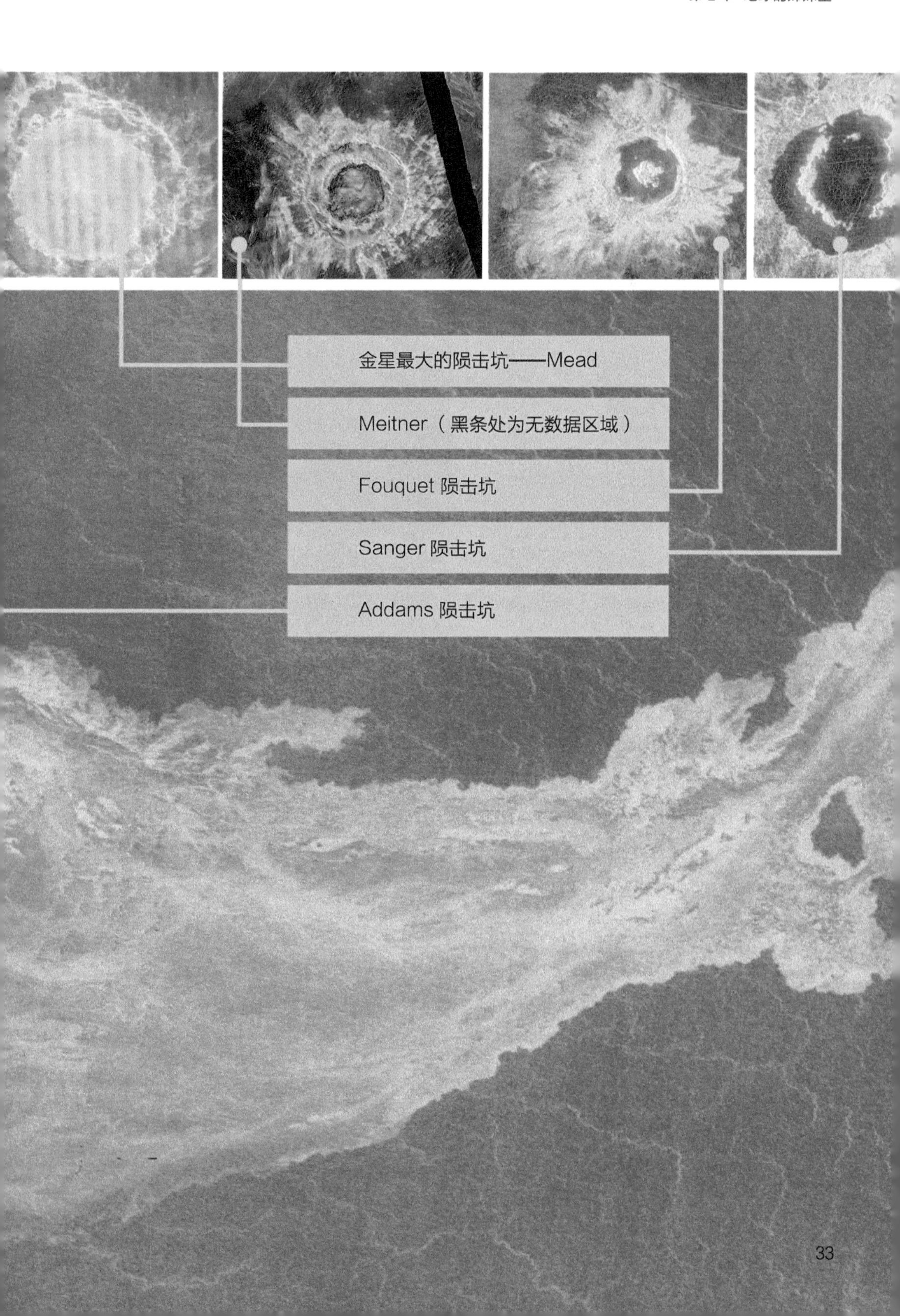
金星最大的陨击坑——Mead
Meitner（黑条处为无数据区域）
Fouquet 陨击坑
Sanger 陨击坑
Addams 陨击坑

难见的表面

由于有厚重的大气层包围，所以金星表面难得一见。1975 年，苏联的金星 9 号探测器（以下简称金星 9 号）和金星 10 号探测器（以下简称金星 10 号）在金星表面软着陆，获得了金星表面实地拍摄的图片。金星 9 号是第一艘向地面传回金星表面图片的探测器。金星 9 号发回的金星表面图片中典型的岩石尺寸为 50 厘米 ×20 厘米，这些岩石是板状或分层的，地平线在图的上角，照片底部的圆弧是探测器的一部分。金星 10 号的着陆点是低地，没有大石块，似乎是由小颗粒土壤构成的平原。

由金星 13 号探测器（以下简称金星 13 号）照片可看出，着陆点表面由裸露的、断裂的岩石组成，大多数地方是不结实的岩石片。对着陆点的岩石进行分析表明，其成分与地球上富含钾的玄武岩类似。

金星 14 号探测器（以下简称金星 14 号）着陆点在金星 13 号的东南 1000 千米，其拍摄的照片也显示了裸露的板状岩石断裂表面。这里的岩石也有与地球玄武岩类似的成分，但不像金星 13 号着陆点那样富含钾。

金星 15 号探测器（以下简称金星 15 号）、金星 16 号探测器（以下简称金星 16 号）的雷达信号获得了北极附近地区的图像。

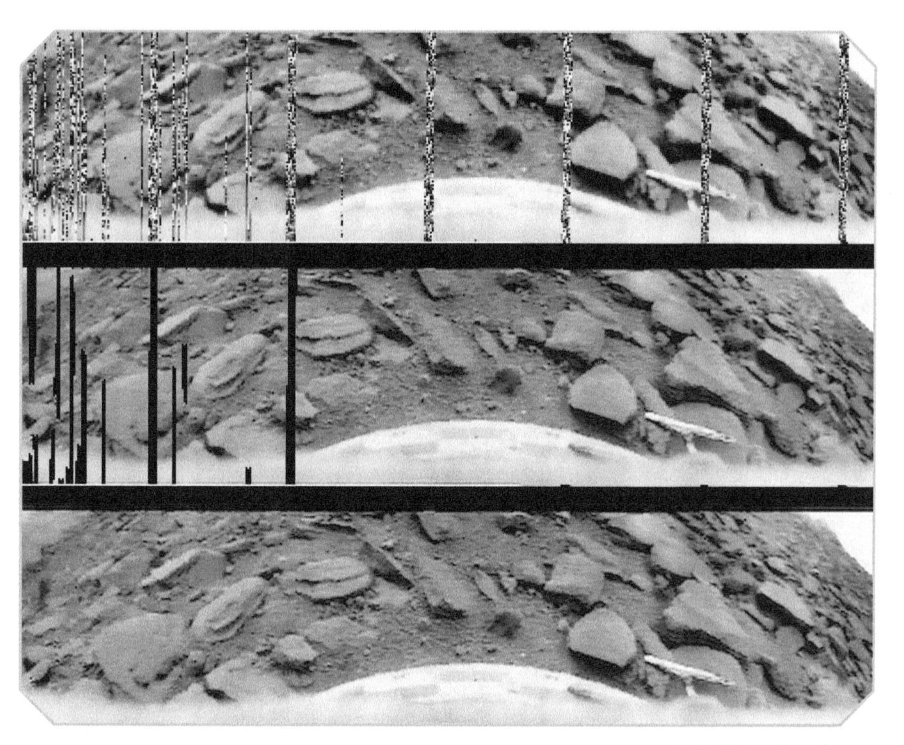

▲ 金星 9 号着陆点

▲ 金星 10 号着陆点

▲ 金星 13 号着陆点

▲ 金星 14 号着陆点

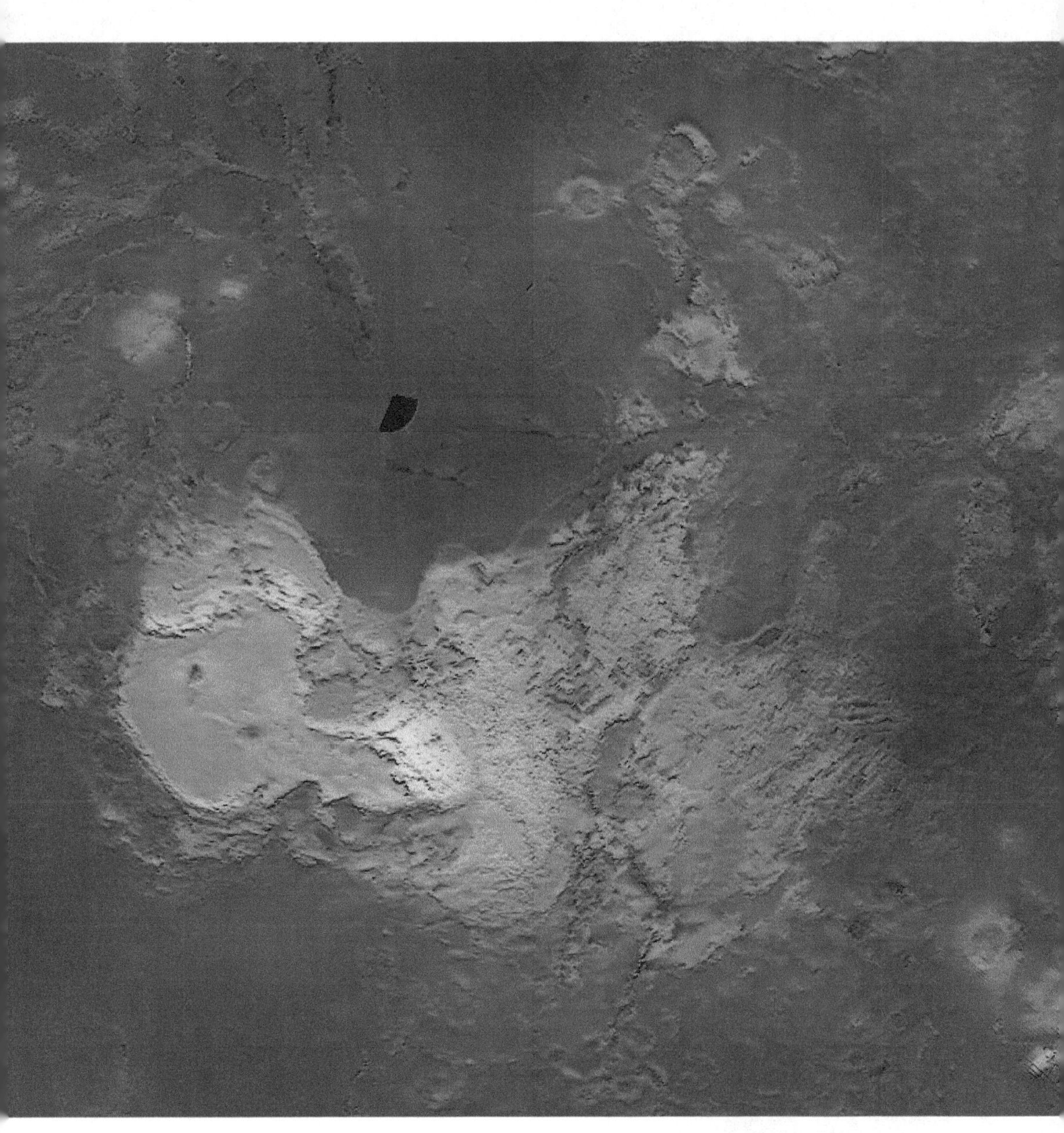

▲ 极区附近的雷达图像

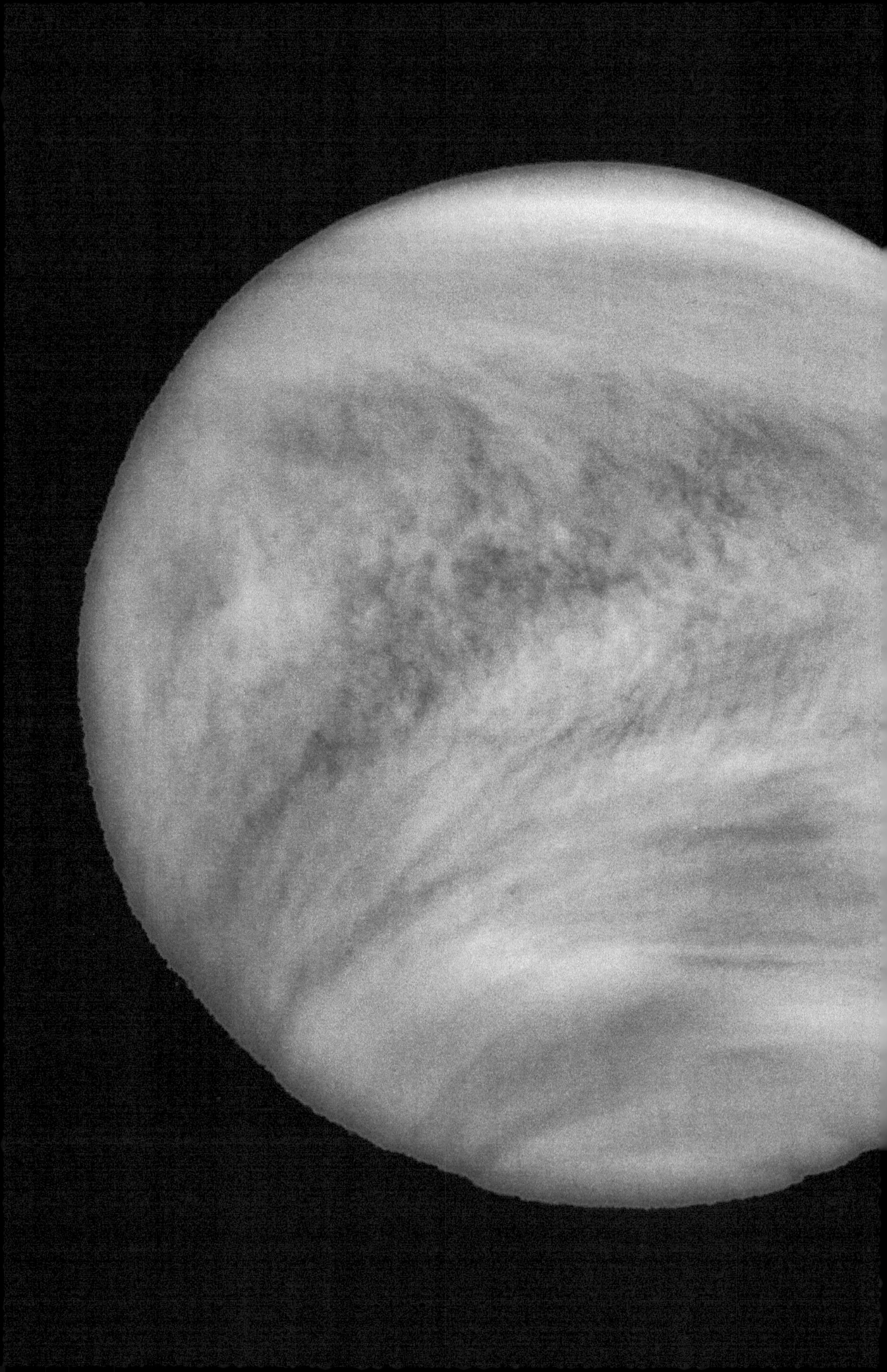

第4章

奇异的大气层

比地球更为厚重浓密的大气层、超级温室效应、千变万化的气候、超高速大气环流……每颗星星都有属于自己的秘密，金星向我们小露心扉。

大气只分三层

根据温度变化的特征，地球的大气层分为 5 层，即对流层、平流层、中层、热层和外层。金星的大气层虽然比地球的厚重，但由于氧分子太少，不能形成臭氧层，温度随高度变化的规律比较简单，所以只分 3 层，即对流层、中层和高层。

金星云层由下往上依次为低层云、中层云和高层云。云中的粒子密度在低层云最大，往上逐渐减小。云层下面是低层雾区，云层上面是高层雾区。

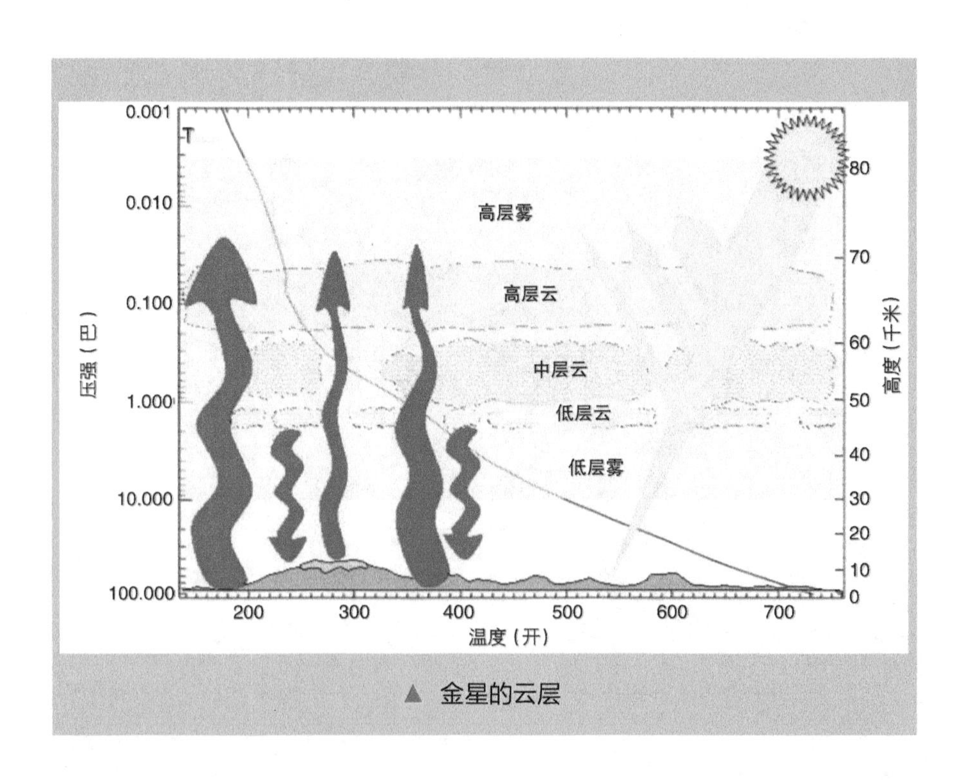

▲ 金星的云层

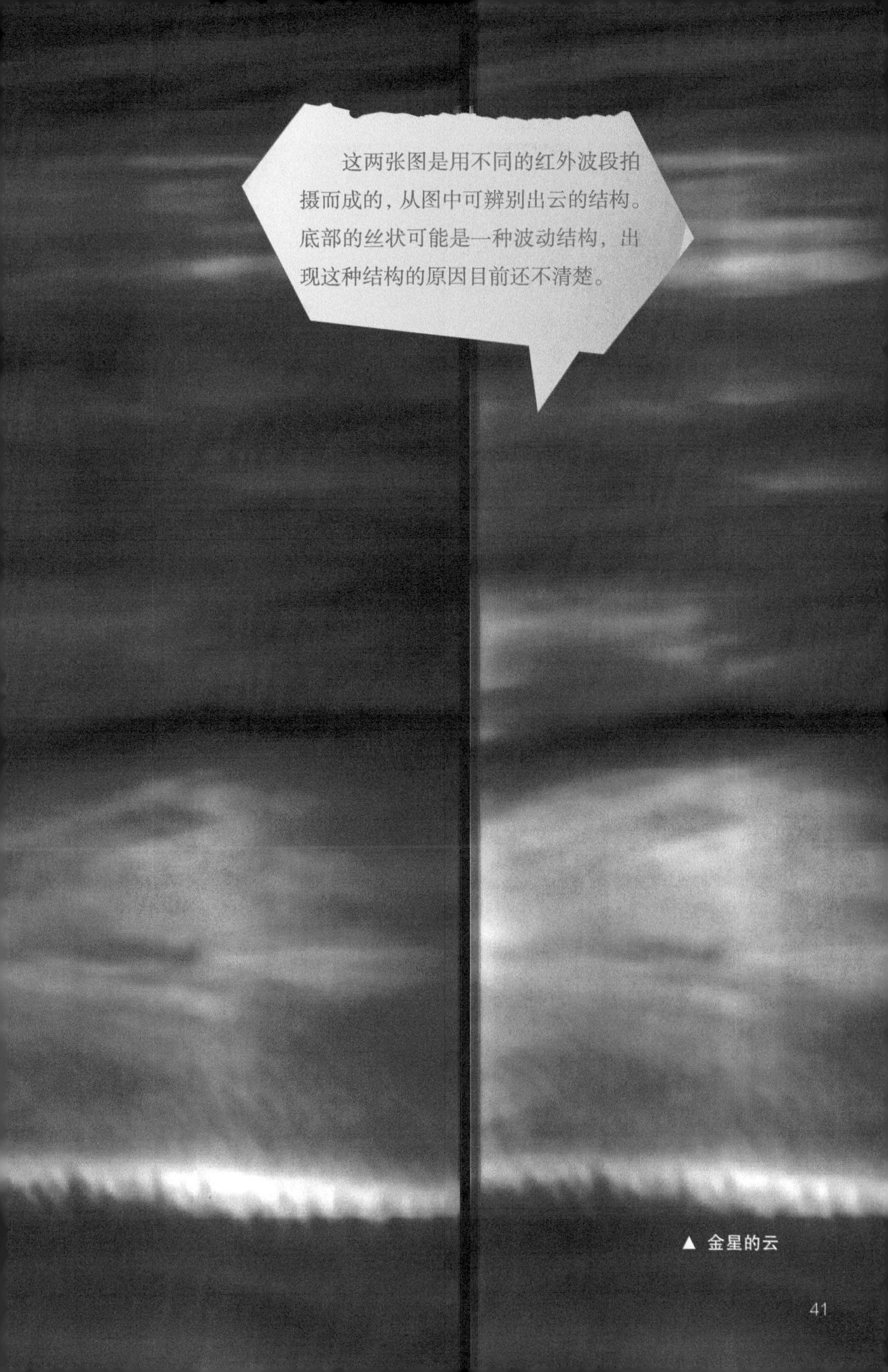

这两张图是用不同的红外波段拍摄而成的，从图中可辨别出云的结构。底部的丝状可能是一种波动结构，出现这种结构的原因目前还不清楚。

▲ 金星的云

▲ 金星快车探测器在紫外波段拍摄到的金星

▲ 金星雾的示意图

超级温室效应

金星大气的温室效应远远超过地球。这是因为金星大气层比地球大气层厚重，且主要成分是温室气体 CO_2。金星表面的高温（740 开）高压（92 巴）就是由于低层大气中的 CO_2、SO_2 和 H_2O 吸收了金星表面的红外辐射，产生超级温室效应的结果。

在金星大气层中，CO_2（96.5%）和 N_2（3.5%）是最主要的成分，其他少量的成分有 SO_2、H_2O、CO、OCS（硫化碳酰）、HCl、HF 和惰性气体，活性成分（如 SO）是由光化学作用产生的。CO_2、N_2、HCl 和 HF 的丰度在整个金星大气层中是基本恒定的，但其他气体，如 SO_2、H_2O、CO、OCS 和 SO 的丰度随空间和时间变化。水蒸气、CO 和硫气体丰度的变化是特别有趣的，因为这些变化源于太阳紫外辐射驱动的光化学作用，这种作用保持了金星全球的硫酸云覆盖。

金星超级温室效应的起源、持续时间和稳定性现在仍是一个谜。目前有一个问题是清楚的，那就是足够强的红外不透明度维持了温室效应。通过将地球和金星温室效应进行比较，可以看出，到达金星表面的阳光实际上比地球的少，而从金星大气层逃逸的红外辐射比地球的也少，因此金星上的温室效应强。

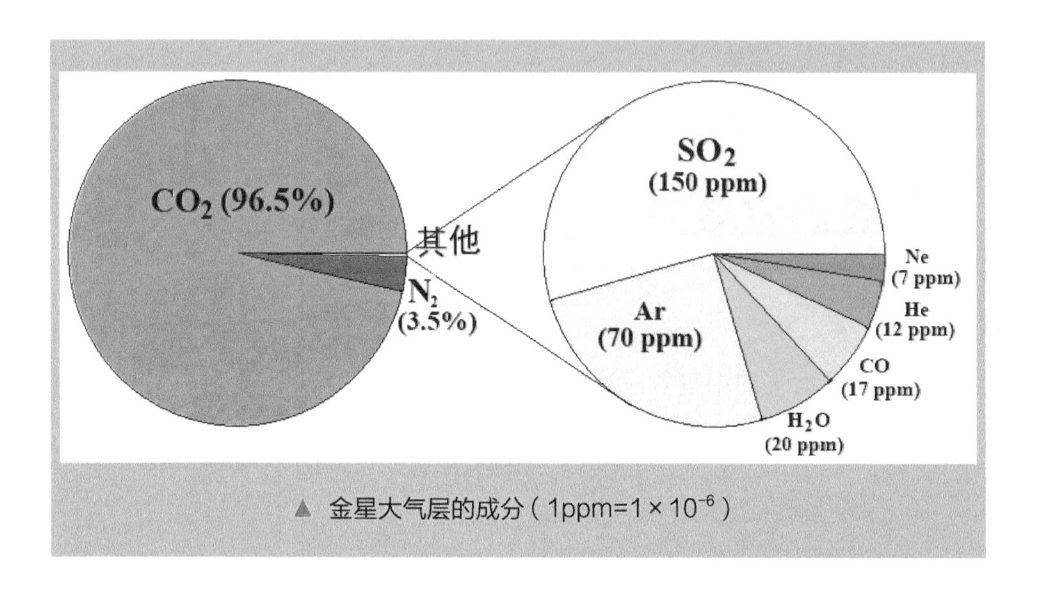

▲ 金星大气层的成分（1ppm=1×10^{-6}）

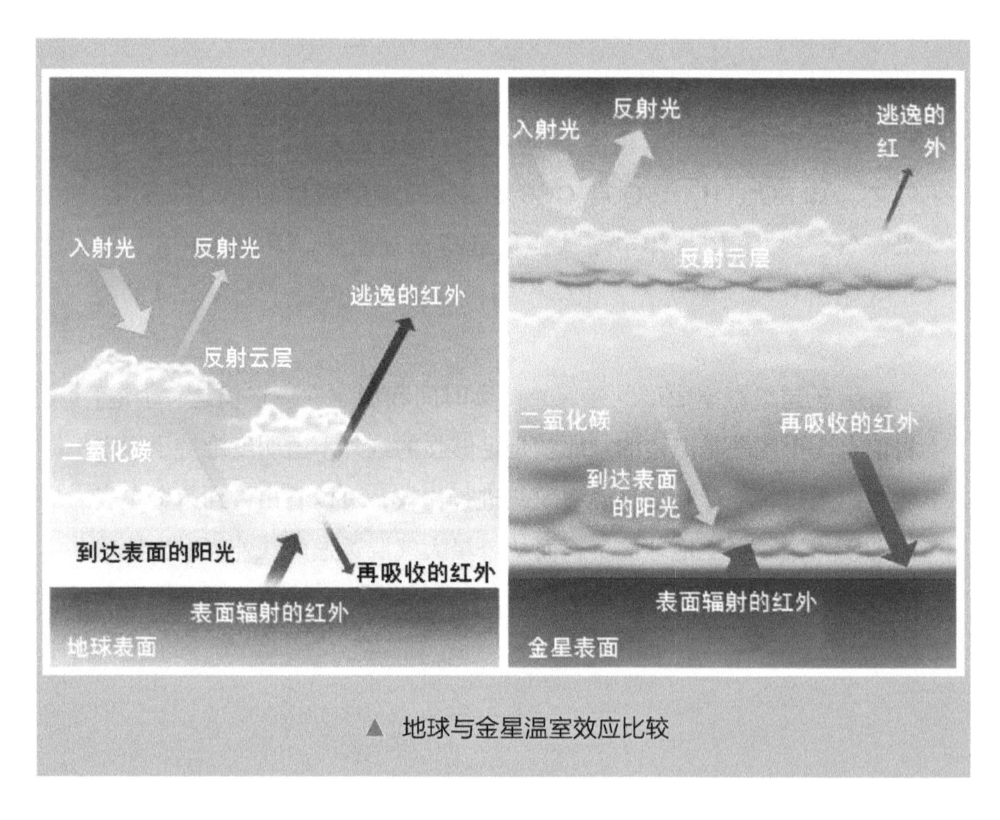

▲ 地球与金星温室效应比较

频见云和闪电

通过无线电、光学、等离子体波和电磁波观测，已经证实在金星大气层中确有闪电。大多数观测证据来自于先驱者－金星多探测器和金星快车探测器（以下简称金星快车），前者探测到等离子体波，后者探测到这些波的电磁分量。

金星 12 号探测器（以下简称金星 12 号）于 1978 年 12 月 21 日向金星下降的过程中，探测到金星上空闪电频繁、雷声隆隆。仅在距离金星表面 11~5 千米的这段下降过程，金星 12 号就记录到 1000 次闪电，有 1 次闪电竟然持续了 15 分钟！

▶ 根据先驱者－金星多探测器观测得到的闪电图形

▲ 根据金星快车观测得到的闪电图形

中层大气超旋

金星大气层有一个非常重要的特征，就是大气超旋。金星自转非常缓慢，但在其表面大约 16 千米以上，大气层旋转比金星自身旋转快得多，这种现象称为大气超旋。金星在 243 天内自转一周，而在云顶（70 千米），纬向旋转周期为 4 ～5 天。实地探测结果显示，从表面到云层，纬向风速度随高度的增加而增大，在金星表面的风速只有约 1 米 / 秒或更小。

目前人们对于超旋的起因已经提出了许多猜想，但还没有完全令人满意的物理解释，这也是金星的一个未解之谜。

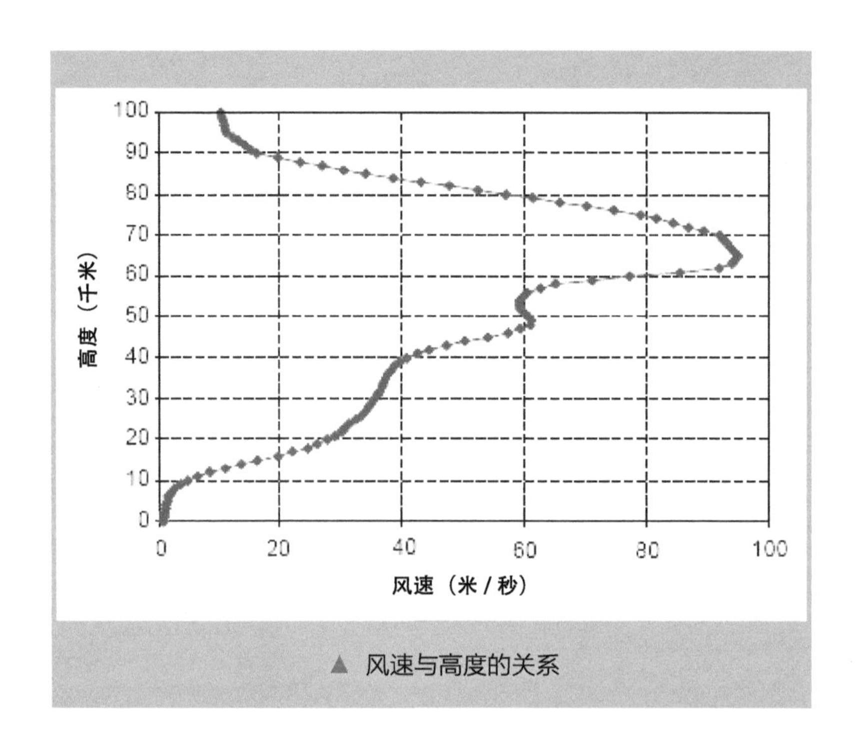

▲ 风速与高度的关系

▲ 金星大气 4 天的超旋

发现新的分子

金星快车在金星大气层 100 千米左右的高度探测到氢氧基（OH）分子，这是人类在地球以外的行星上第一次探测到这种分子。这个发现对进一步揭示金星稠密大气层的特性有重要意义。

因为氢氧基具有高度活性，所以它对任何行星大气层都非常重要。在地球上，氢氧基能够清除大气层中的污染物，且其增长与臭氧的丰度有密切联系；在火星上，氢氧基一方面能够帮助稳定其大气层中的二氧化碳，防止它被转化成一氧化碳，另一方面，它也使火星表面土壤贫瘠，不利于微生物存在。

气象变化万千

金星快车探测到金星不寻常的大尺度天气变化现象，在白天出现明亮的雾，从南极延伸到南半球低纬，又很快消失。这种与地球不同的全球性天气变化，给科学家提出了一个新的未解之谜。

金星的云在可见光波长范围观测，几乎是模糊的、不变化的；但在紫外波段观测，可显示出不断变化的特征，瞬间的亮暗变化，显示了太阳紫外辐射被吸收或反射的状态。

亮雾是由硫酸构成的。在大约 70 千米高度，金星富含二氧化碳的大气层里还含有少量水蒸气和气态的二氧化硫。这些成分通常沉浸于云层，阻止人们在可见光波段观察表面。

如果某些大气过程将这些分子升高到云顶，它们因暴露在太阳紫外辐射之下而被分解。这些被分解的分子具有高度活性，可以很快组合成硫酸粒子，产生雾。至于是什么过程导致水蒸气和二氧化硫上升，这个问题目前还不清楚，需要进一步研究。

金星大气层确实气象万千，金星快车拍摄的照片显示了 2007 年 7 月初至 8 月初南半球云雾变化的过程。云雾亮暗相间，不断变化。在 7 月 23 日，暗的区域较大，而在 24 日，明亮的区域占所观测区域的大部分。

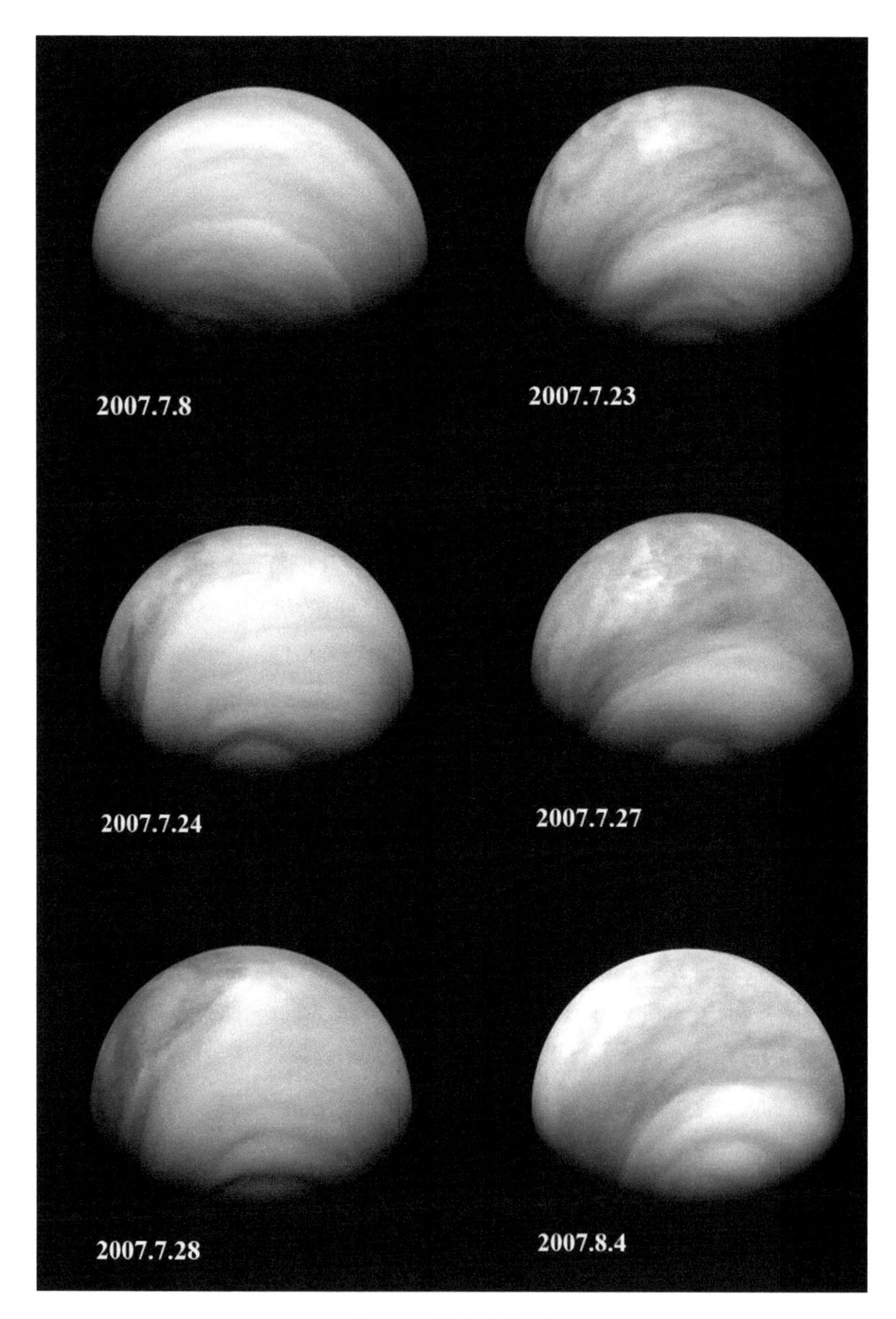

▲ 金星云雾的亮度变化特征

飓风令人迷惑

金星大气层中存在巨大的涡旋，类似于地球的飓风。涡旋的周期大约是 44 小时，其结构十分复杂，不同高度上的气体具有不同的流动方向。

下图是涡旋发展的过程，亮区一般是涡旋最活跃的区域。图中的黄点指示了南极的位置。

图（1）是飓风眼。这是在 2007 年 4 月 7 日获得的系列图像之一，云层距金星表面大约 60 千米。图（2）是在前一幅图像 4 小时之后拍摄的。在这样短的时间内，涡旋已经演变成不同的形状。图（3）是在前一图像之后 24 小时，也就是在金星快车一个完整的轨道周期之后拍摄的。该图像显示涡旋变得更圆，稍有拉长。图（4）是在前一图像 24 小时以后拍摄的。涡旋的图像拉向相反的方向，几乎是沙漏形，这种形状也称双极。

对于极区涡旋形成的原因，目前的一种解释是：赤道地区的大气被太阳加热而上升并向极区移动，在极区汇聚并下沉。气体在向极区移动的过程中，金星的自转使它们侧向偏转，在云层顶部产生下图所显示的特征。

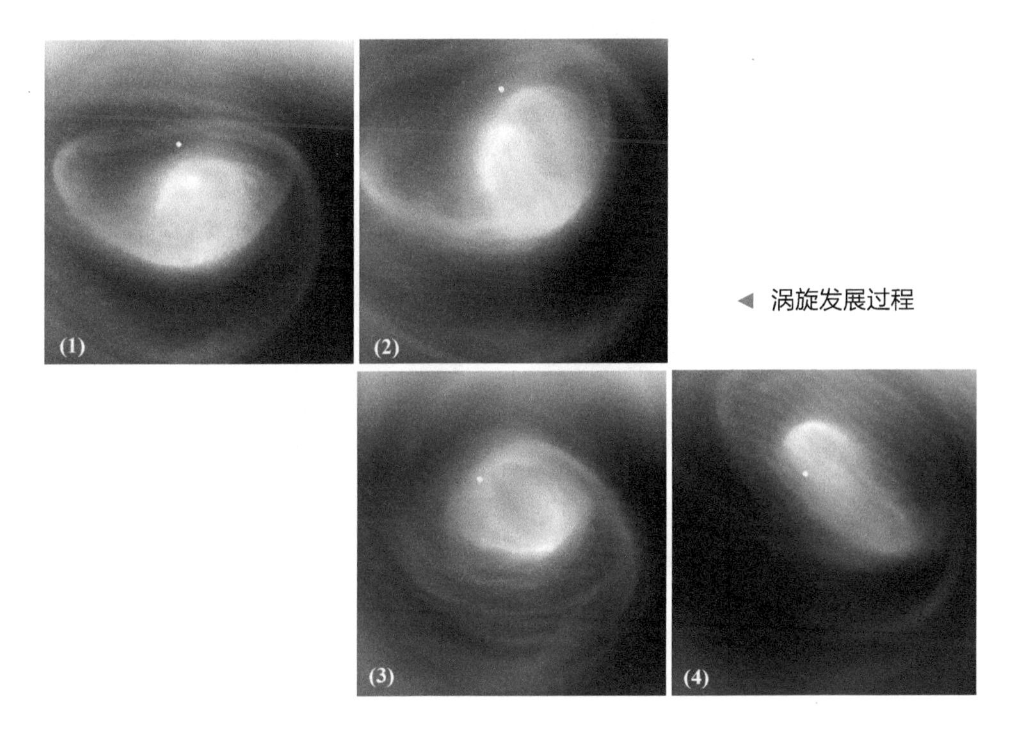

◀ 涡旋发展过程

极区出现双眼

金星快车第一次证实了在金星南极存在“双眼”大气涡旋。下图中的 6 张红外图像是由金星快车的紫外 – 可见光 – 近红外光谱仪在 6 个不同时间获得的，这 6 张图反映了极区双眼涡旋演变的过程。

高速风围绕金星西向运动，仅 4 天就可围绕金星一圈。这个超旋与大气层中热空气自然循环组合在一起，将在极区形成涡旋结构，但为什么是双眼涡旋，目前这个机制还不清楚。

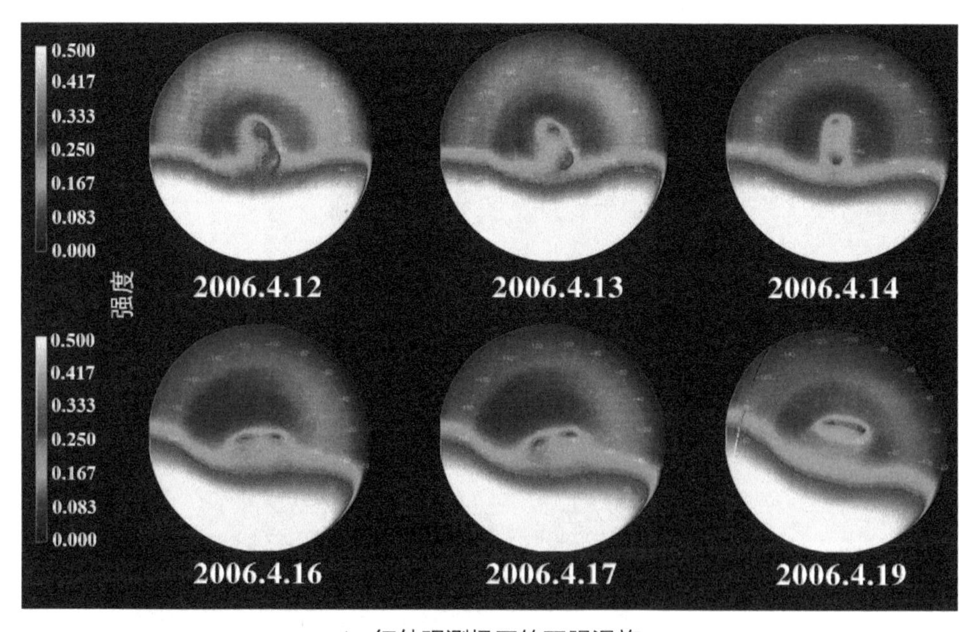

▲ 红外观测极区的双眼涡旋

▲ 金星快车观测极区双眼涡旋的示意图

第5章

面纱是怎样揭开的?

即使是这样“古怪”的金星，也有人类不断探索的印迹。不过人类为此付出了极大的努力，可不似微风不经意撩开美女的面纱那样容易。

本页图为苏联于1984年12月发射的维伽2探测器。

四船梦断大气层

20 世纪 50 年代后期，人类就开始用射电望远镜观测金星的表面。通过地面的各种观测发现，金星有厚厚的大气层，地面观测无法看到其表面特征。从 1961 年起，苏联开始发射“金星”系列探测器，试图揭开金星的面纱。应当说，苏联学者在探索金星方面做了开拓性的工作。

1961 年 2 月 12 日，苏联成功地发射了金星 1 号探测器（以下简称金星 1 号），计划在距金星 2000 ～ 60000 千米处飞越金星。金星 1 号携带了一些科学仪器，在飞往金星的旅途中，测量了行星际磁场、宇宙线和太阳发出的等离子体，证实了太阳风的存在。金星 1 号在距离地球 190 万千米处传回了一些科学数据，后来与地面失去联系，估计它在距离金星 10 万千米内飞越。

1965 年 11 月 12 日，苏联发射了金星 2 号探测器（以下简称金星 2 号），金星 2 号于 1966 年 2 月 27 日在距离金星 2.4 万千米处飞越，但它的通信系统早已损毁，因此没有任何科学数据传回地球，金星 2 号最终进入环绕太阳的轨道。

▼ 金星 1 号（左为前视图；右为侧视图）

金星 2 号（左）和金星 3 号（右）

金星 3 号的小发动机和高度控制系统

1965 年 11 月 16 日，苏联发射了金星 3 号探测器（以下简称金星 3 号），并试图在金星表面硬着陆。由于通信系统失效，金星 3 号没有发回任何数据。

根据20世纪60年代初的文献资料，金星表面大气层的压力是3～1000标准大气压。这可使苏联科学家为难了，这个大气压的范围也太大了！为了让接下来发射的金星4号探测器（以下简称金星4号）的着陆器在金星表面软着陆，着陆器究竟应承受多大的大气压呢？根据苏联科学家当时的判断，金星表面的大气压应为10～30标准大气压。于是，金星4号的着陆器设计极限压强为25标准大气压。

1967年6月12日，苏联发射了金星4号，同年10月18日它进入金星大气层。在着陆器向金星表面降落期间，探测了金星周围的大气压、温度、密度、风速、云层结构和大气的化学成分。这是人类第一次对金星大气层直接进行化学分析。结果显示，金星大气层基本由二氧化碳构成，只含有百分之几的氮，不足百分之一的氧和水蒸气。金星大气层远比预想的稠密。

金星4号的着陆器直径1米，重383千克，外表包着一层很厚的耐高温壳体，能承受11000℃的高温。它携带两个温度计、一个气压计、一个无线电测高仪，以及大气密度测量计和气体分析器等探测仪器。轨道器准确

金星4号

地进入金星的轨道，在金星的夜面（夜面：指处于夜晚的那半球）44800 千米的高度上释放出着陆器。着陆器被高层大气减速，在速度降低到每小时 1032 千米时，着陆器释放出一个 2.2 平方米的拖曳降落伞，然后展开 55 平方米的主降落伞。在 52 千米高度上，记录到的温度是 33℃，压强低于 1 标准大气压。压强随着着陆器的下落而增加，人们总共得到了 23 组数据。在下落 93 分钟后，着陆器下落到大概 26 千米高度，温度达到 262℃，压强达到 22 标准大气压，信号发射停止。起初，地面控制人员以为着陆器落到了高山上，后来发现是着陆器出了问题，没能到达表面。当时测量到的二氧化碳含量为 90% ～ 93%，氮为 7%，氧为 0.4% ～0.8%，水蒸气为 0.1% ～1.6%。

1969 年 1 月 5 日，苏联又发射了金星 5 号探测器（以下简称金星 5 号）。它的设计同金星 4 号非常接近，只是更结实一些，着陆器可耐 27 标准大气压。金星 5 号的探测方式与金星 4 号相同，但它的降落伞减小了，便于着陆器下降得更快一些。在着陆器下落过程中，人们获得了 53 分钟的探测数据。着陆器下落到距离金星表面 24 ～ 26 千米时，它被大气压坏，此时的压强为 26.1 标准大气压。

金星 6 号探测器（以下简称金星 6 号）的设计也与金星 4 号类似，其着陆器质量增加到 405 千克，于 1969 年 1 月 10 日发射，同年 5 月 17 日到达金星附近。着陆器一直下降到距离金星表面 10 ～ 12 千米。

至此，在探索金星的过程中，苏联已经有 4 个探测器梦断金星大气层。

金星 4 号的着陆器

钢铁巨侠留美名

金星 3 号到金星 6 号接连着陆失败，使苏联科学家认识到探测金星有多么难。接下来的探测是 1970 年 8 月，苏联科学家再一次对未来的两个着陆器进行了增强设计和精心制造。

新的探测器所使用的降落伞比先前所用的都小，这是为了加快其降落速度，尽可能使着陆器在高温环境中停留的时间短一些。苏联科学家请潜水艇的设计师做顾问，以便保证着陆器的外壳能经受巨大的压力。新的着陆器质量增加到 490 千克，使用了钛等新材料。舱做成球形，没有孔和焊接点。仪器放在顶盖下面，后盖打开后可展开降落伞。外壳用能够吸收冲击能量的材料制作，可以经受 180 标准大气压和 530℃的高温。在进入大气层之前，着陆器内部被冷却到 −8℃。在地面进行环境模拟试验时，着陆器被置入热真空容器中，压力增加到 150 标准大气压，温度增加到 540℃。

设计者还努力调节快速降落和软着陆的矛盾，为此，降落伞是双缆系统。为了增加初始下落时的速度，降落伞在尼龙绳的约束下部分展开；到一定的高度时，尼龙绳熔化，降落伞全部展开，以便减小速度。

1970 年 8 月 17 日，苏联发射了金星 7 号探测器（以下简称金星 7 号），它于 1970 年 12 月 15 日到达金星。到达金星时，金星 7 号与金星的相对速度是 11 千米 / 秒，与水平方向的夹角大约是 70°，热屏蔽层的温度达到 1100℃。金星 7 号的降落伞在 60 千米高度打开，此时记录到的压强值为 0.7 标准大气压，温度为 25℃。

在金星 7 号进入大气层期间，人们一直等待着来自莫斯科的消息。3 天后，莫斯科广播电台报告，已经接收到着陆器下落期间发出的信号，信号持续了 35 分钟。

仪器在下落期间记录了温度和压强。在引导伞展开 13 分钟后，主降落伞展开。6 分钟后，下落出现一些故障，降落伞环和着陆器开始猛烈摆动，几分钟后环完全损坏，着陆器自由下落，记录到的温度为 325℃，压强为 27 标准大气压，撞击速度是 17 米 / 秒，信号衰减，1 秒后完全消失。

在金星 7 号着陆 1 个月以后，一名信号处理专家决定再回放记录下落信号的磁带。这是一件乏味的工作，因为从磁带里发出的声音主要是噪声。但令人惊奇的是，这位专家辨别出来自金星表面微弱的信号！原来金星 7 号其实已经成功着陆。接下来的分析表明，下降速度有一个突然的增加，经计算知道这个快速下落过程持续了 60 分钟。分析结果表明，降落伞在 3 千米处分离，着陆器在余下的路程自由下落，幸运的是着陆器没有遇难。事实上，着陆时的信号在刚开始时中断，表明着陆器弹跳，在弹跳的顶部信号复原。

金星 7 号成功地到达了金星表面，成为第一个到达金星实地考察的人类“使者”。它不仅在降落过程中考察了金星大气层的内部情况及金星表面结构，还在金星表面发射了 23 分钟的信号，地点在南纬 5°、经度 351°。它测出金星的大气成分主要是二氧化碳，还有少量的氧、氮等气体。金星 7 号上的压强记录系统失效，因此金星表面的压强值是由其他参数测量推导出的，为 92 标准大气压，是 1967 年估计值的 5 倍。金星表面的温度为 475℃，计算出的表面风速为 2.5 米 / 秒。495 千克的着陆器在金星表面坚持了 20 多分钟，最终在足以使铅和锌熔化的高温下受热变形。

根据金星 7 号的经验，金星 8 号探测器（以下简称金星 8 号）的设计做了改进，着陆器的压力限制降低为 105 标准大气压，而不是金星 7 号的 180 标准大气压。这样做节省出来的重量可用于增加热防护、科学仪器和增强降落伞。金星 8 号于 1972 年 3 月 27 日发射，它的着陆器重 495 千克，于 7 月 22 日进入金星大气层。着陆器在金星 60 千米高度上打开直径 2.5 米的降落伞，在下落过程中发回 50 分钟的数据。着陆器降落到金星表面后化验了金星土壤，还对金星表面的太阳光强度和金星云层进行了电视摄像转播：金星上空显得极其明亮，天空是橙黄色，大气中有猛烈的雷电现象，还有激烈的湍流。

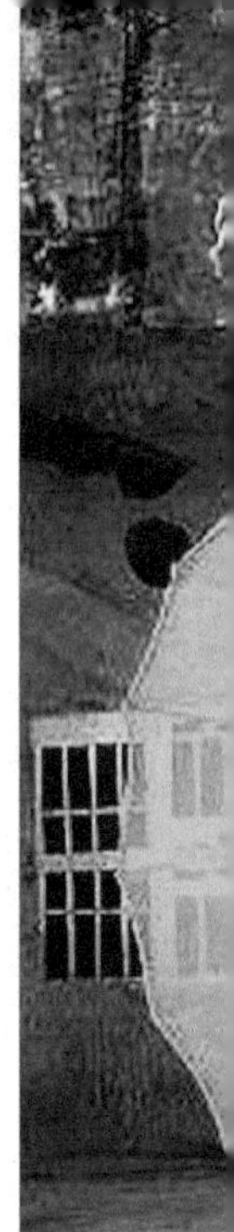

金星 7 号（左）金星 8 号（右）

金星 7 号的着陆器（左）和
8 号的着陆器（右）

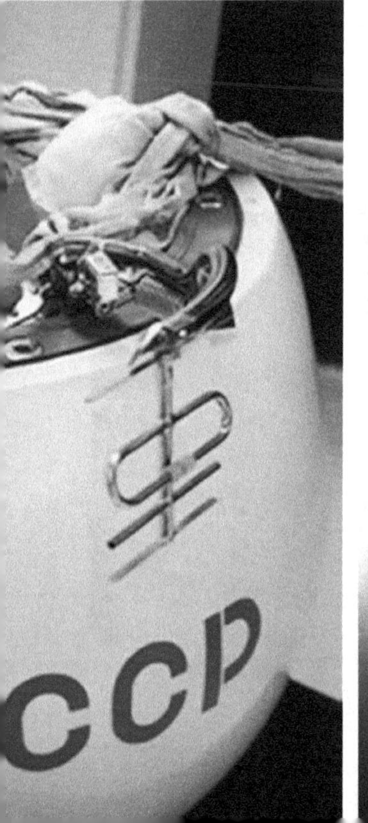

金星表面拍图像

金星 7 号和金星 8 号的成功着陆，给苏联科学家以极大的鼓舞，他们决心研制新的探测器，深入探索金星的奥秘。新一代探测器就是金星 9 号和金星 10 号。

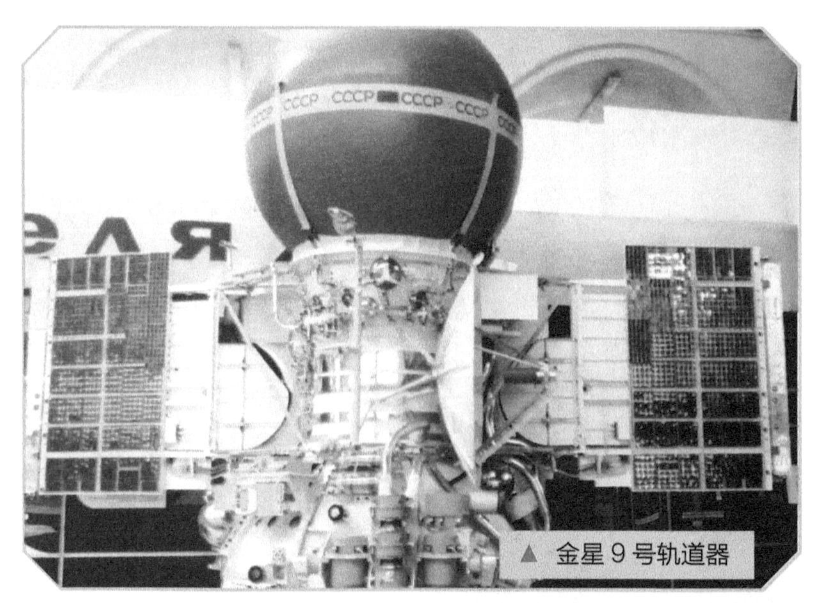

▲ 金星 9 号轨道器

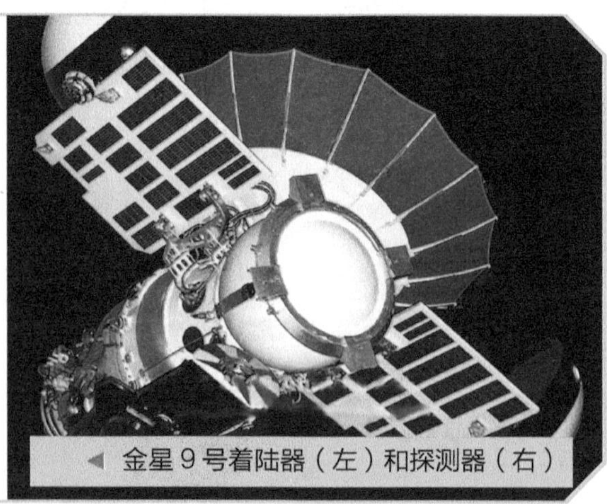
◀ 金星 9 号着陆器（左）和探测器（右）

新一代探测器类似柱形，底部有发动机，着陆器在顶部，有两个大的太阳能电池板，探测器高 2.8 米，太阳能电池板翼展长 6.7 米。整个结构重 5033 千克，包括着陆器 660 千克。

着陆器高 2 米，由双半球构成，能承受 2000℃的高温和 300 吨的压力，在着陆前，被冷却到 −100 ～ −10℃。

1975 年 10 月 20 日，金星 9 号到达金星，释放出探测器。轨道器飞越，发动机点火，使速度达到 247.3 米 / 秒；为避免其与金星相撞，大发动机点火，使其速度增加了 922.7 米 / 秒，变成金星的一颗卫星。这是人类第一颗环绕金星运行的探测器，初始轨道为 1500 千米 ×11170 千米（这是描述轨道的一种简单写法：轨道的近金星点为 1500 千米，远金星点为 11170 千米），最后的轨道是 1510 千米 ×112200 千米，周期为 48 小时 18 分，轨道倾角为 34.17°。

着陆器以 10.7 千米 / 秒的速度进入大气层，着陆后运行了 53 分钟，第一次向地球发回金星表面的图像。

金星 10 号与金星 9 号相似，在金星表面发回 65 分钟的数据。

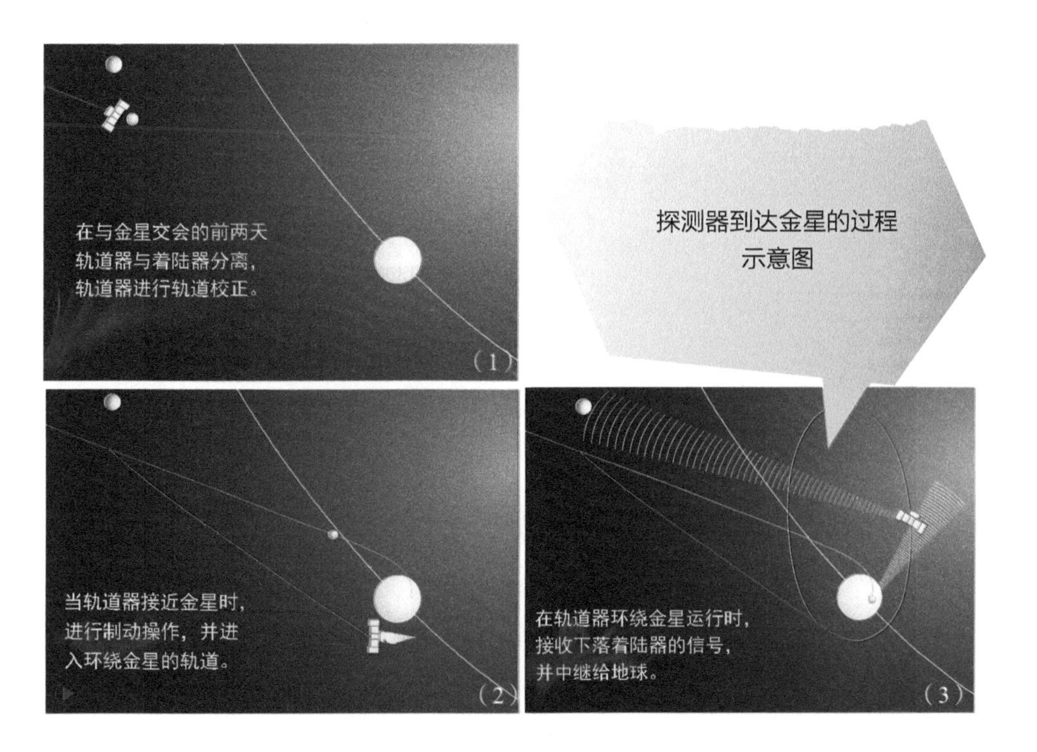

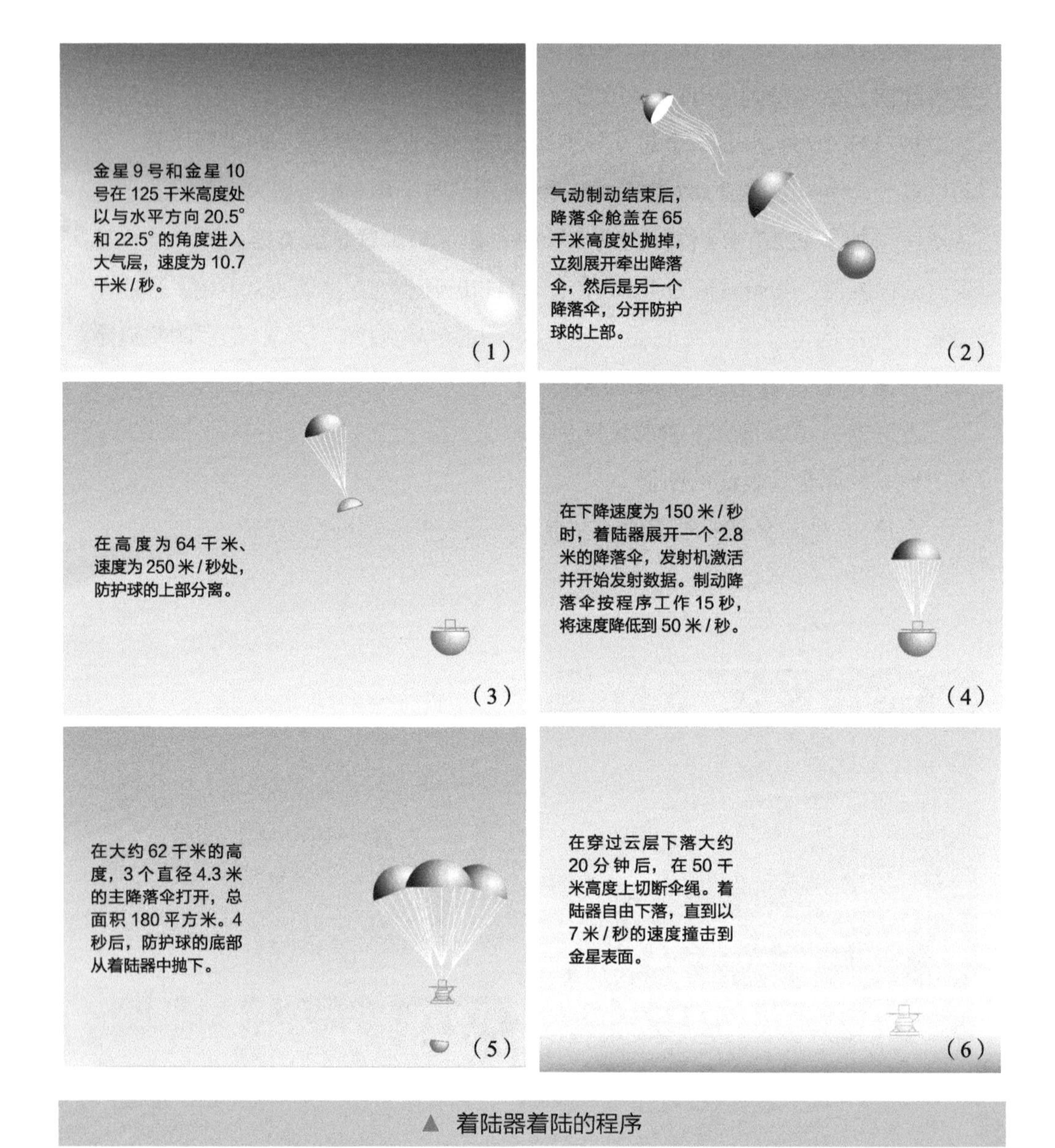
金星9号和金星10号在125千米高度处以与水平方向20.5°和22.5°的角度进入大气层，速度为10.7千米/秒。
（1）
气动制动结束后，降落伞舱盖在65千米高度处抛掉，立刻展开牵出降落伞，然后是另一个降落伞，分开防护球的上部。
（2）
在高度为64千米、速度为250米/秒处，防护球的上部分离。
（3）
在下降速度为150米/秒时，着陆器展开一个2.8米的降落伞，发射机激活并开始发射数据。制动降落伞按程序工作15秒，将速度降低到50米/秒。
（4）
在大约62千米的高度，3个直径4.3米的主降落伞打开，总面积180平方米。4秒后，防护球的底部从着陆器中抛下。
（5）
在穿过云层下落大约20分钟后，在50千米高度上切断伞绳。着陆器自由下落，直到以7米/秒的速度撞击到金星表面。
（6）

▲ 着陆器着陆的程序

监听闪电钻土壤

1978 年 9 月 9 日，苏联发射了金星 11 号探测器（以下简称金星 11 号）。1978 年 12 月 23 日，金星 11 号的着陆器与轨道器分离，进入金星大气层，于 12 月 25 日在金星表面软着陆，整个事件大约持续 1 小时。金星 11 号着陆后返回 95 分钟的数据，但由于着陆器照相机的镜头盖未能打开，没有拍摄到金星表面的彩色全景图。

1978 年 9 月 14 日，苏联发射了金星 12 号探测器（以下简称金星 12 号）。1978 年 12 月 19 日，金星 12 号的着陆器与母船分离，进入大气层，于 12 月 21 日实现软着陆，它接触金星表面的速度是（7 ～ 8）米 / 秒。金星 12 号着陆后发回 110 分钟数据，下落过程中记录到闪电。由于金星 12 号的土壤仪器未能将土壤准确放置，因而无法对金星表面土壤进行科学分析。

根据苏联学者的预测，金星上有雷暴活动，而且强度要比地球大气中的强 1000 倍，所以金星 11 号和金星 12 号都携带了雷暴测量仪。这两个探测器在金星表面 2 ～ 32 千米的范围内确实观测到了这些现象。金星 11 号记录到 1 秒内发生 25 次闪电；金星 12 号探测到总共 1200 次闪电。在着陆后，一个巨大的雷暴的回声围绕着陆点长达 15 分钟。一个雷暴覆盖了 150 千米宽、2 千米高的空间。由于云的高度比较高，闪电像是云 – 云闪电，而不是云 – 地闪电。

雷暴仪器的测量是对金星声音的第一次记录。但可惜的是，苏联没有公布这些声音。

▲ 金星 11 号着陆器

第一次钻探金星的土壤

金星 13 号探测器（以下简称金星 13 号）和金星 14 号探测器（以下简称金星 14 号）的着陆器质量增加到 760 千克，利用苏联在热阻和冷却液方面的新技术做了改进，使其更能适应极端的热环境。另外，两者都增加了科学仪器，每个着陆器携带的仪器数量都增加到 14 个。

金星 13 号于 1981 年 10 月 30 日发射，金星 14 号在 1981 年 11 月 4 日发射。两个探测器在飞往金星的途中，探测到 20 次伽马射线暴和 10 次太阳耀斑。

金星 13 号于 1982 年 3 月 1 日到达金星，当降落伞在 63 千米高度处展开时，下落仪器包激活。在 47 千米高度，降落伞与着陆器分离，着陆器靠气动阻力下落，到达金星表面后，照相机拍摄了彩色照片，这是人类第一次获得金星表面的彩色图片。钻探器在着陆点钻探 30 毫米深，得到 1 立方厘米的样品，然后利用 X 射线荧光光谱仪等仪器，分析了土壤的成分。由于两个着陆器着陆点不同，得到的结果也有些差异。

▼ 金星 13/14 号得到的岩石元素成分百分比

探测器	镁	铝	硅	钾	钙	钛	铁
金星 13 号	11.4%	15.8%	45.1%	4.0%	7.1%	1.6%	9.3%
金星 14 号	8.1%	17.9%	48.7%	0.2%	10.3%	1.2%	8.8%

▲ 金星 13 号轨道器（左图）和着陆器（右图）

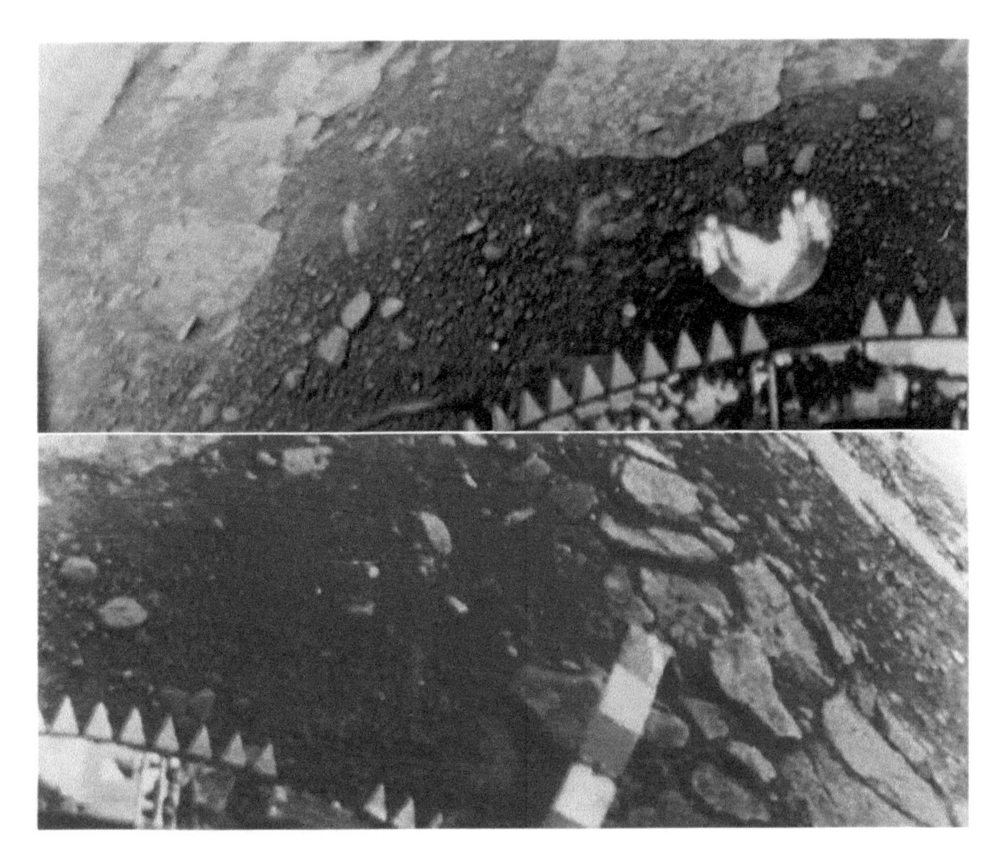

▲ 第一次获得的金星表面彩色图像

着陆器在下落过程中，测量了云的分布，结果如下：最高的稠密云在 57 千米以上；透明的中层云在 50 ～57 千米；最低的稠密云层在 48 ～50 千米。

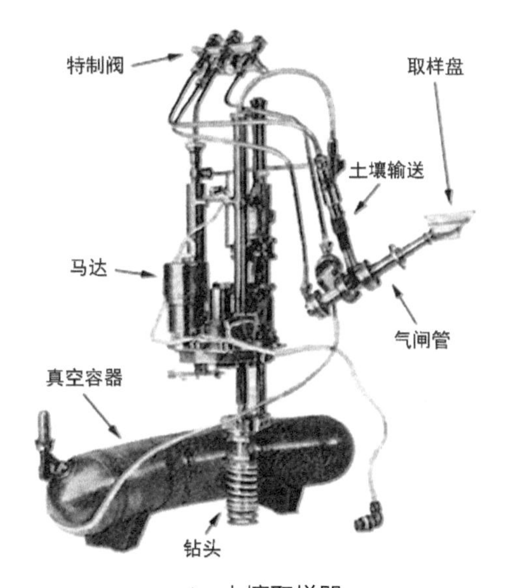

▲ 土壤取样器

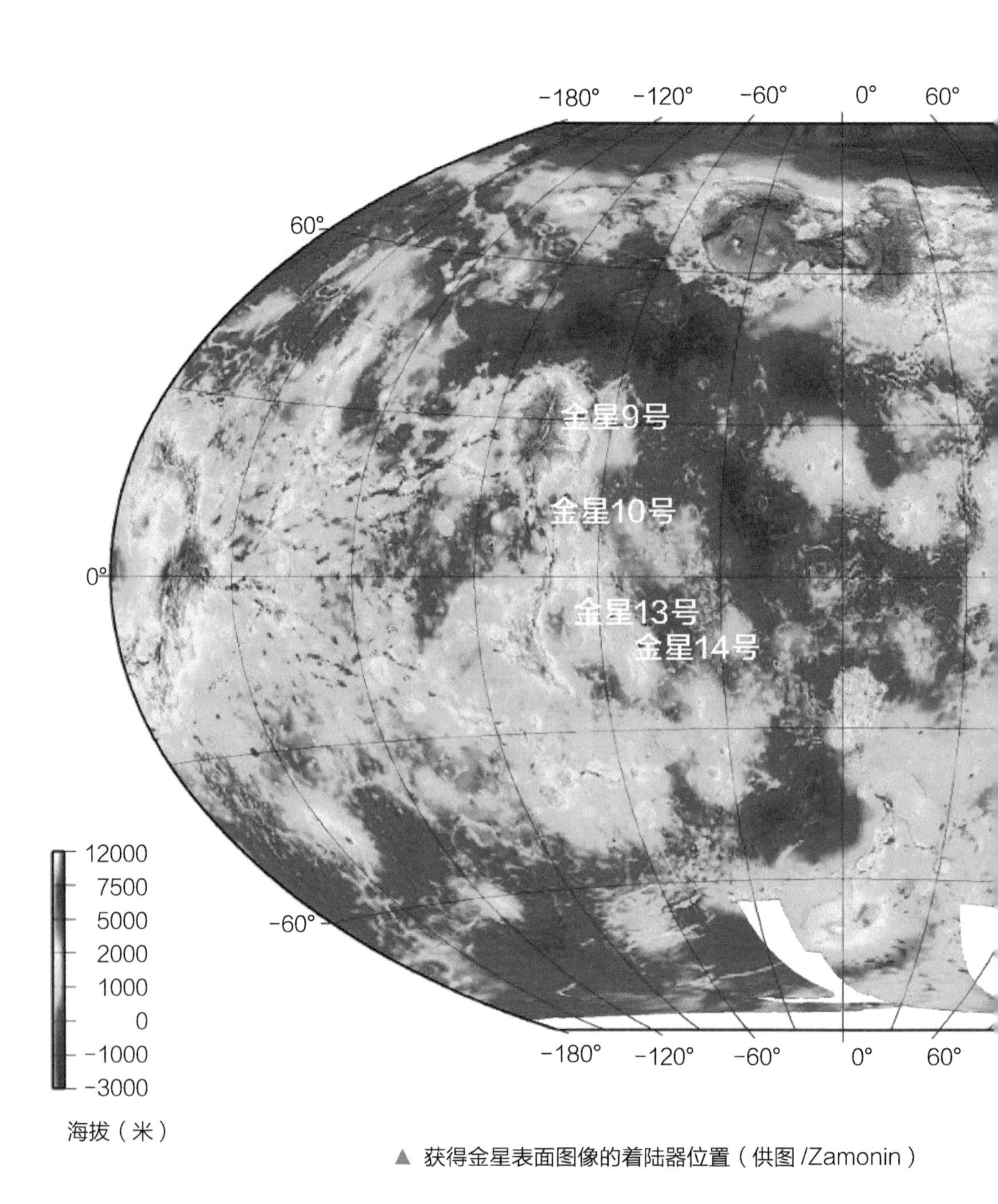

▲ 获得金星表面图像的着陆器位置（供图 /Zamonin）

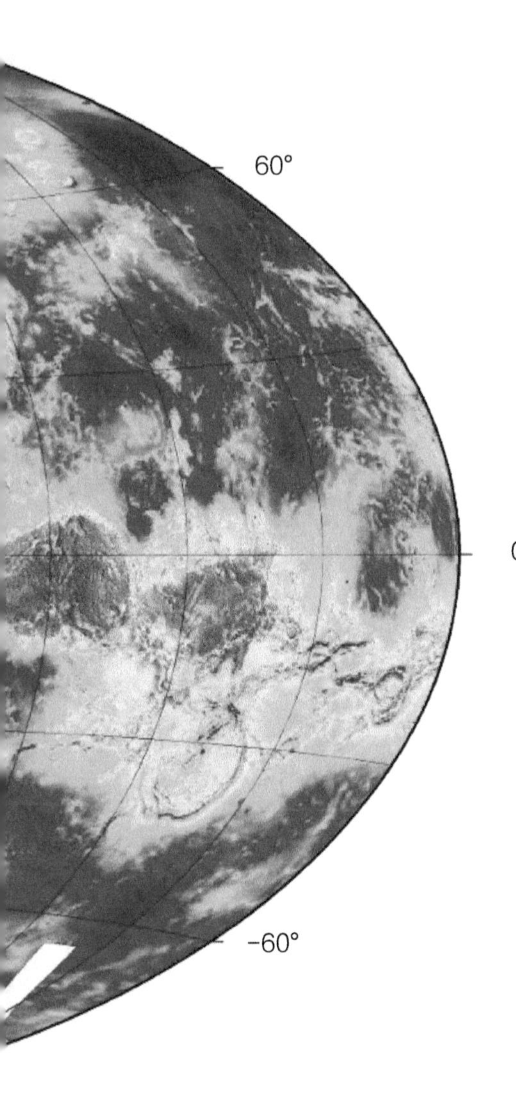

维伽 1 探测器和维伽 2 探测器

苏联最后一次发射的到达金星表面的是维伽 2 探测器（以下简称维伽 2）所携带的着陆器。这个着陆器与金星 13 号的着陆器类似。维伽计划包括两个相同的探测器：维伽 1 探测器（以下简称维伽 1）和维伽 2，分别于 1984 年 12 月 15 日和 21 日发射。二者都携带着陆器和气球。维伽 1 的着陆器因下落过程中出现故障而没有到达表面。维伽 2 的着陆器成功着陆，在表面发回 65 分钟的数据。两个探测器分别释放一个气球，两个气球浮动在大约 54 千米高度，运行了 46 小时以上。气球的直径约 3.54 米，充有氦气。吊篮重 6.9 千克，长 1.3 米，系绳长 13 米。气球携带的仪器有温度计、风速计、光电计、压强计和测云计。两个探测器在释放出着陆器和气球后，利用金星的引力助推作用，改变飞行轨道，在 1986 年 3 月与哈雷彗星相遇，并对哈雷彗星进行了探测。

▲ 维伽着陆器及释放的气球

金星的第一颗人造卫星

环绕探测可以了解金星全球的状态。前面介绍的着陆器，除了观测着陆点的情况外，只能探测沿着探测器下落路径的大气的状态。至于大气的状态如何随纬度和经度变化，这种方式是探测不到的。实现全球探测的方式就是环绕探测，即让探测器成为金星的人造卫星。

金星 9 号是金星的第一颗人造卫星。它在释放了着陆器后，进行轨道机动，即改变速度的大小和方向，使它不至于同着陆器那样与金星相撞，而是环绕金星做轨道运动。

第一次对金星进行雷达探测的卫星

金星 15 号是第一颗对金星进行雷达探测的卫星。它于 1983 年 6 月 2 日发射，1983 年 10 月 10 日到达金星。

▲ 金星 15 号

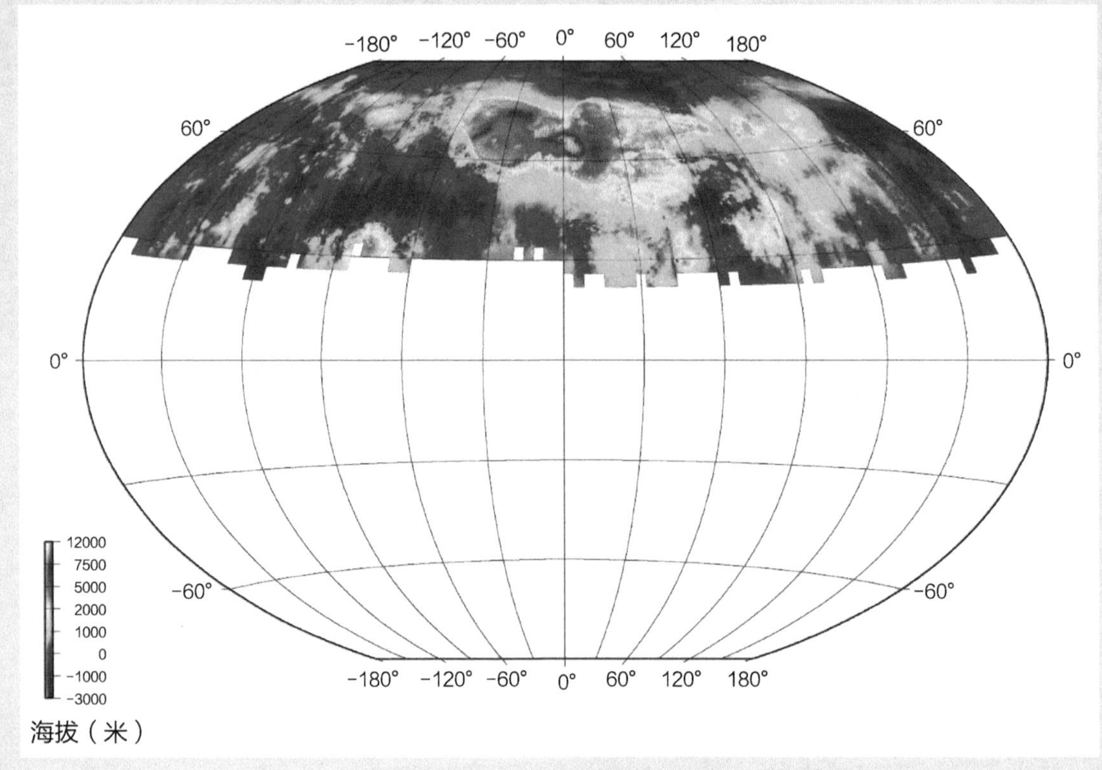

▲ 由金星 15 号和金星 16 号获得的金星表面地形（供图 /Zamonin）

金星 15 号重 5300 千克，整体上为长 5 米、直径 0.6 米的柱形，顶端有宽 1.4 米、端长为 6 米的抛物面状合成孔径雷达天线。它还携带一个直径 2.6 米的碟形天线用于通信。金星 15 号携带的仪器除了雷达外，还有高度计、红外傅里叶变换光谱仪、宇宙线探测器和太阳等离子体探测器。

对金星探测时间最长的卫星

从 1978 年起，美国把行星探测活动的重点转移到金星。1978 年 5 月 20 日发射了先驱者 - 金星号轨道器（PVO），它在 1978 年 12 月 5 日顺利切入金星轨道，并成为其人造卫星。从该卫星获得的在轨数据的持续时间长达 14 年，1992 年 10 月，PVO 坠毁于金星大气层。

PVO 是直径为 2.5 米、高为 1.2 米的柱形体，除了磁强计外，所有仪

▲ PVO

器和子系统都安装在柱形体的前端，磁强计安装在 4.7 米长伸杆的末端。太阳能电池围绕柱形体圆周分布。PVO 携带一个 1.09 米的消自旋碟形天线提供 S 和 X 波段的通信（消自旋的意思是当轨道器自旋时，天线始终对准地球）。

PVO 的基本任务是对金星大气层进行就地探测和遥感探测。它携带了 17 个科学仪器，仪器总质量为 45 千克，这些仪器用于测量云的垂直分布、大气层特征表面雷达绘图、电场、磁场、电子、离子、重力场、太阳风和伽马射线暴。

PVO 初始轨道周期是 23.4 小时，经过在两条轨道之间的机动，最终达到所要求的 24 小时。这一机动过程，可以使轨道的较高点和较低点在每个地球日的同一时刻发生。通过雷达获得的数据，科学家能够绘制北纬 73° 到南纬 63° 之间分辨率为 75 千米的金星表面地形图。数据表明，金星表面比地球表面要平滑得多，整体比地球要圆。PVO 上的红外观测装置发现金星北极上空的大气层有一个空洞。此外，紫外光照相机所拍摄的照片显示，在金星上可看到的一面上方的云层有黑斑标志。照相机还发现金星大气层中近乎连续的闪电活动。PVO 证实金星的磁场很微弱。

尽管测绘雷达曾于 1981 年 3 月 19 日停止工作，但它在 1991 年，即发射 13 年后又重新工作，并探测了先前无法接近的金星南部地区。1992 年 5 月，PVO 执行最后一个阶段的飞行任务，在燃料耗尽之前保障其近星点在 150～250 千米。最后传输的信号于 1992 年 10 月 8 日被地面接收到，此时其轨道情况已无法再通过通信获得。此后不久，PVO 在金星大气层中烧毁，结束了原本计划仅 8 个月而实际时间长达 14 年的成功探测。

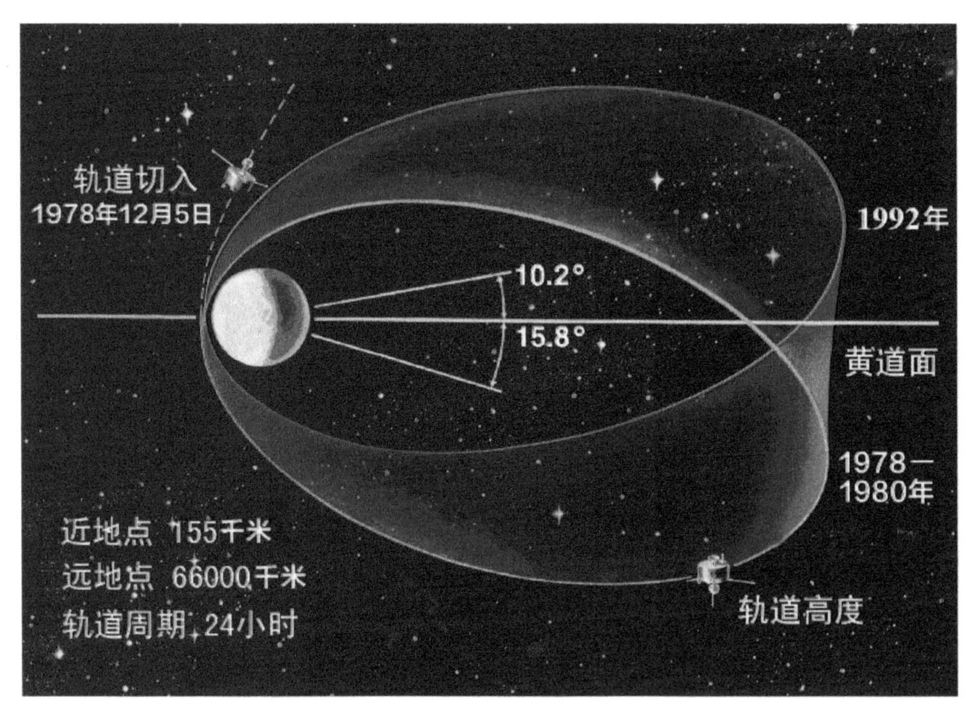

▲ PVO 的轨道

同时运行四颗星

先驱者－金星多探测器是先驱者－金星号轨道器的姊妹航天器，于 1978 年 8 月 8 日发射，1978 年 12 月 9 日到达金星。它由一个主公用舱、1 个大探测器（直径 1.5 米，重 316.5 千克）、3 个相同的小探测器（分别叫“北”“白天”和“夜间”）组成。大探测器在 1978 年 11 月 15 日从主公用舱中释放，此时距离金星大约 110 万千米。4 天后，先驱者－金星多探测器在距离金星 930 万千米时释放出 3 个小探测器。

在气囊和降落伞的共同作用下，大探测器穿过金星大气层不断降落，直到以 32 米 / 秒的速度撞击到北纬 4.4°、经度为 304.0° 的金星表面。在撞击时信号如期停止。

▲ 先驱者 －金星多探测器

在大探测器进入大气层后不久，3个直径为76厘米的小探测器也到达金星大气层，并在没有降落伞的情况下穿过大气层快速下降。令人惊奇的是，3个小探测器中有2个经受住了猛烈的撞击。名为“白天”的小探测器在温度升高和能量耗尽前在金星表面进行了67.5分钟的数据传输。3个小探测器都出现了设备失效的情况，但都未影响它们执行其主要任务。它们的着陆坐标分别是北纬59.3°和经度4.8°（北探测器）、南纬31.3°和经度317°（白天探测器）、南纬28.7°和经度56.7°（夜间探测器）。与此同时，在各个探测器进入大气层大约1.5小时后，主公用舱在120千米高度的大气层中点火，使轨道上升，从而提供更高区域的重要数据。从探测器传回的数据显示，金星大气有10～50千米的厚度几乎没有对流，在30千米处的一个薄雾下面，大气层显得较为分明。

▲ 大探测器下落过程

雷达火眼穿大气

由于金星有厚重的大气层包围，因此用光学的办法无法看到金星的表面，但雷达可以。

所谓雷达，就是一个发射和接收电磁波的电子装置。在工作时，电子装置发射一定频率的电磁波，电磁波能穿过大气层，被地面反射，电子装置接收到这些反射波，经过复杂的数据处理，就可以还原出表面的图像。与可见光图像相比，雷达图像的缺点是有些失真。

最早对金星进行雷达探测的是苏联的金星 15 号，它利用合成孔径雷达，对金星表面进行了 8 个月的成像探测。但获得金星数据最全、对整个金星表面进行雷达测绘的当属美国的麦哲伦号。

1989 年 5 月 4 日，亚特兰蒂斯号航天飞机将麦哲伦号带上太空，并于第二天把它送入金星的航程。麦哲伦号质量达 3365 千克，长 4.6 米，装有一套先进的合成孔径雷达系统，雷达天线的孔径为 5.7 米。整个探测器造价达 4.13 亿美元。

麦哲伦号是迄今最先进、最为成功的金星雷达探测器，它的主要目的是：（1）获得金星表面分辨率为 1 千米的全球雷达图像；（2）获得金星的全球地形图，空间分辨率为 50 千米，垂直分辨率为 100 米；（3）获得金星的全球重力场数据；（4）增强对行星地质学的了解，包括密度分布和动力学特征。

麦哲伦号初始轨道是椭圆极轨轨道，近地点和远地点分别为 294 千米和 8543 千米，轨道周期为 3 小时 15 分钟。在轨道靠近金星期间，麦哲伦号的雷达将金星表面成像，该图像 17 ～28 千米宽。在每个轨道的末端，探测器将绘制好的图形发送到地球。金星自转周期为 243 个地球日，当金星在探测器下面旋转时，麦哲伦号收集一条又一条的图像数据，在 243 天的轨道周期末，逐渐地覆盖整个金星。在 1990 年 9 月到 1991 年 5 月的第 1 个轨道周期之间，麦哲伦号发送回地球的图像覆盖金星表面的 84%。随后，麦哲伦号在 1991

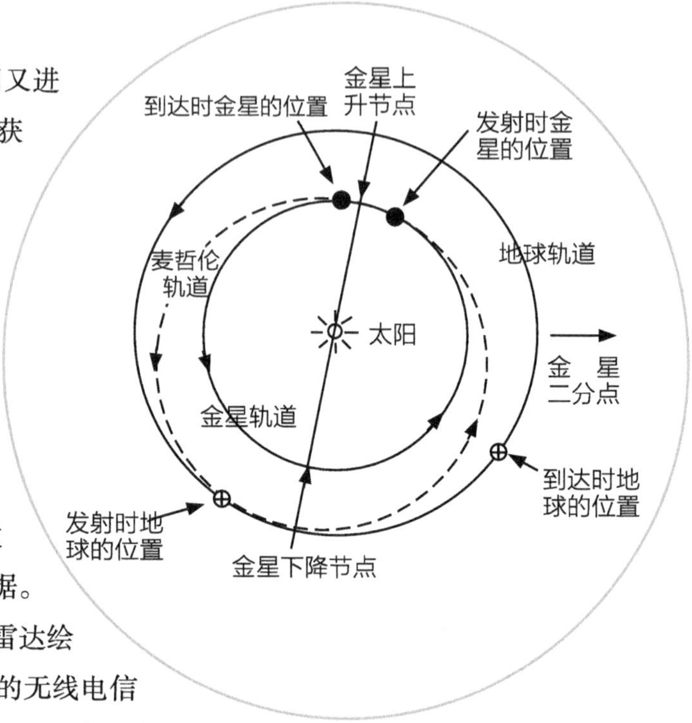

年5月到1992年1月之间又进行8个多月的雷达绘图，获得了金星面积98%以上的详细图形。此外，由于选取的观察角度是变化的，科学家可以构造金星表面三维图形。在1992年9月到1993年5月的麦哲伦号第4个轨道周期期间，探测器收集了关于金星重力场的数据。这期间麦哲伦号没有进行雷达绘图，而是向地球发送恒定的无线电信号。如果探测器通过高于金星正常重力的区域，它在轨道上将稍微加速，这将引起麦哲伦号无线电信号频率的变化，NASA的深空通信网将频率变化精确记录下来，由此可构造金星重力场变化的图形。

▲ 麦哲伦号的Ⅳ型轨道

在麦哲伦号第4个轨道周期的末期（1993年5月），飞行控制者利用气动制动技术降低了探测器的轨道——这次机动使麦哲伦号每个轨道进入金星大气层一次，大气层对其阻力使它的速度和轨道高度降低。在气动制动完成后，麦哲伦号的轨道近地点为180千米，远地点为541千米，轨道周期为94分钟。这个新的、更圆的轨道，使得麦哲伦号在接近极区时能更好地收集重力数据。

在第6个也是最后一个轨道周期，麦哲伦号收集了更多的重力数据并进行雷达及无线电科学实验。在探测的末期，麦哲伦号获得金星表面95%的高分辨率重力数据。

1994年9月，麦哲伦号再次降低轨道以便进行一项被称为“直升机”的试验。在这项试验中，探测器的太阳能电池帆板调整为直升机螺旋桨的构形，使其轨道降低到大气层薄的外层，延伸到稠密的大气层。这个试验可获得关于金

星高层大气分子特性的数据及对探测器设计有用的新信息。

1994 年 10 月 11 日，麦哲伦号的轨道最后一次降低，但它在第二天失去了无线电信号，13 日坠入大气层。虽然探测器的大部分在大气层中被烧毁蒸发，但某些部分可能撞击到金星表面。

如果麦哲伦号在 1988 年 5 月发射，则允许探测器经由 I 型轨道并用 4 个月的时间到达金星。所谓 I 型轨道，就是从发射点到目标，探测器围绕太阳飞行少于 180°。在 1989 年 10 月曾有类似的机会，但那时指定要发射伽利略号探测器。

在 1989 年 4 月底到 5 月底期间，地球与金星间的相对位置要求采用Ⅳ型轨道，即探测器将围绕太阳飞行 1.5～2 圈（稍大于 540°），并于 1990 年 8 月 10 日到达金星。Ⅳ型轨道的缺点是旅行时间长（15 个月），优点是可减小发射能量和到达金星的速度。

▲ 麦哲伦号

麦哲伦号获得了金星表面大量图像，如北半球和南半球的图像、金星全球展开的图形、金星 Sedna 平原的低洼部分、阿尔法区域东边缘的地形图、金星低洼平原与高原的交界。

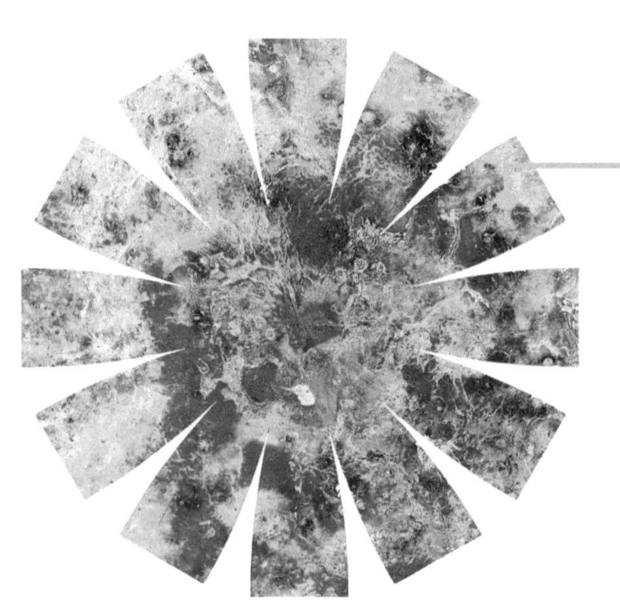

金星北半球

金星南半球

金星全球展开图形

金星 Sedna 平原的低洼部分

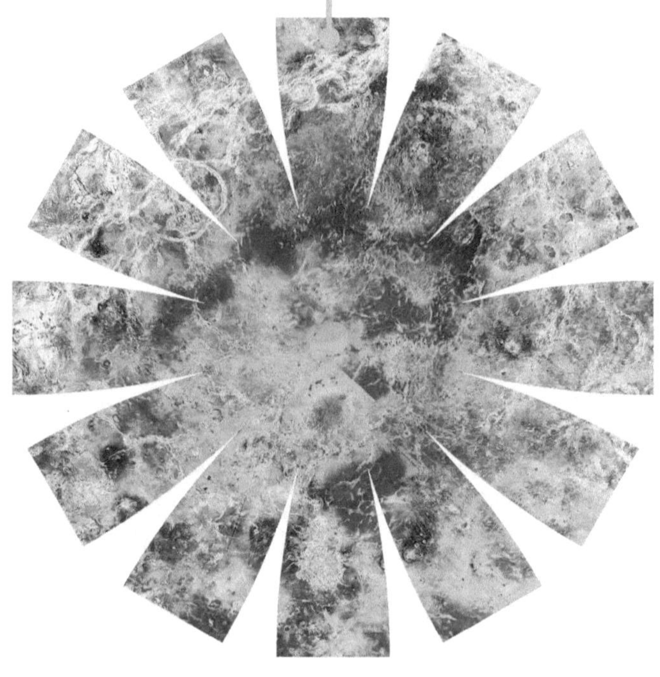

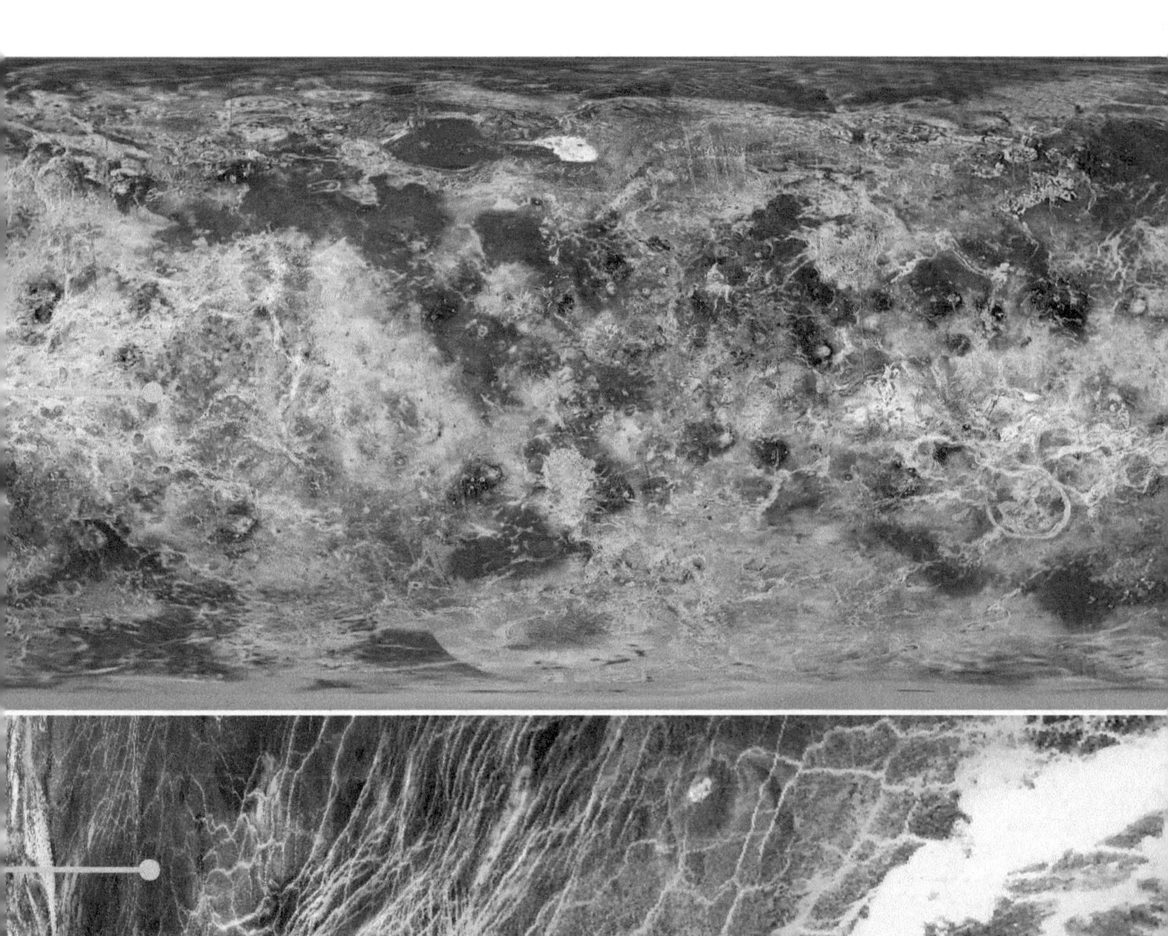

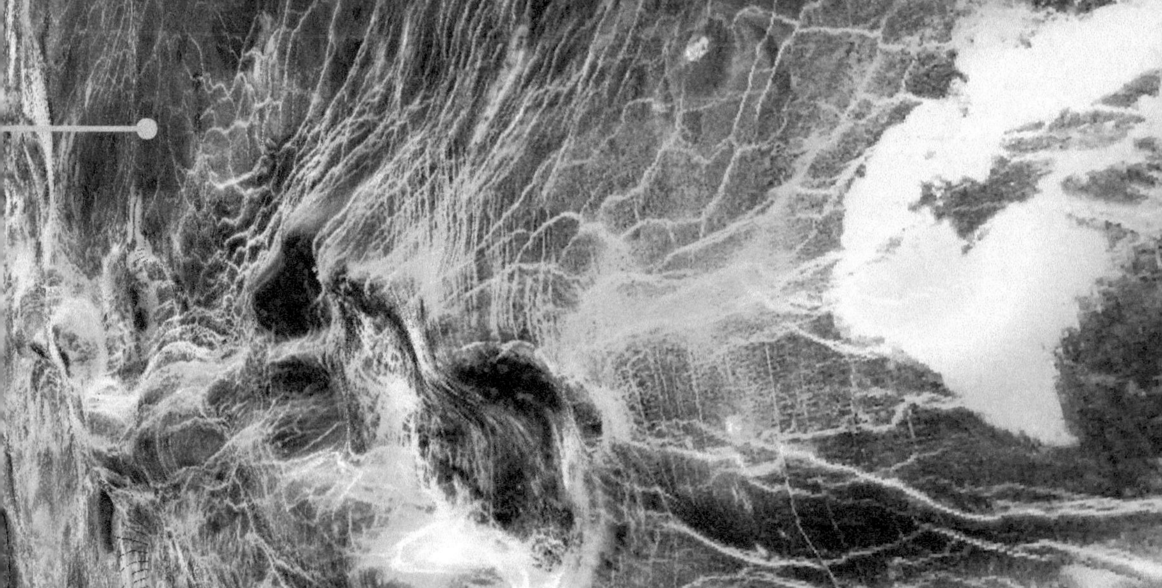

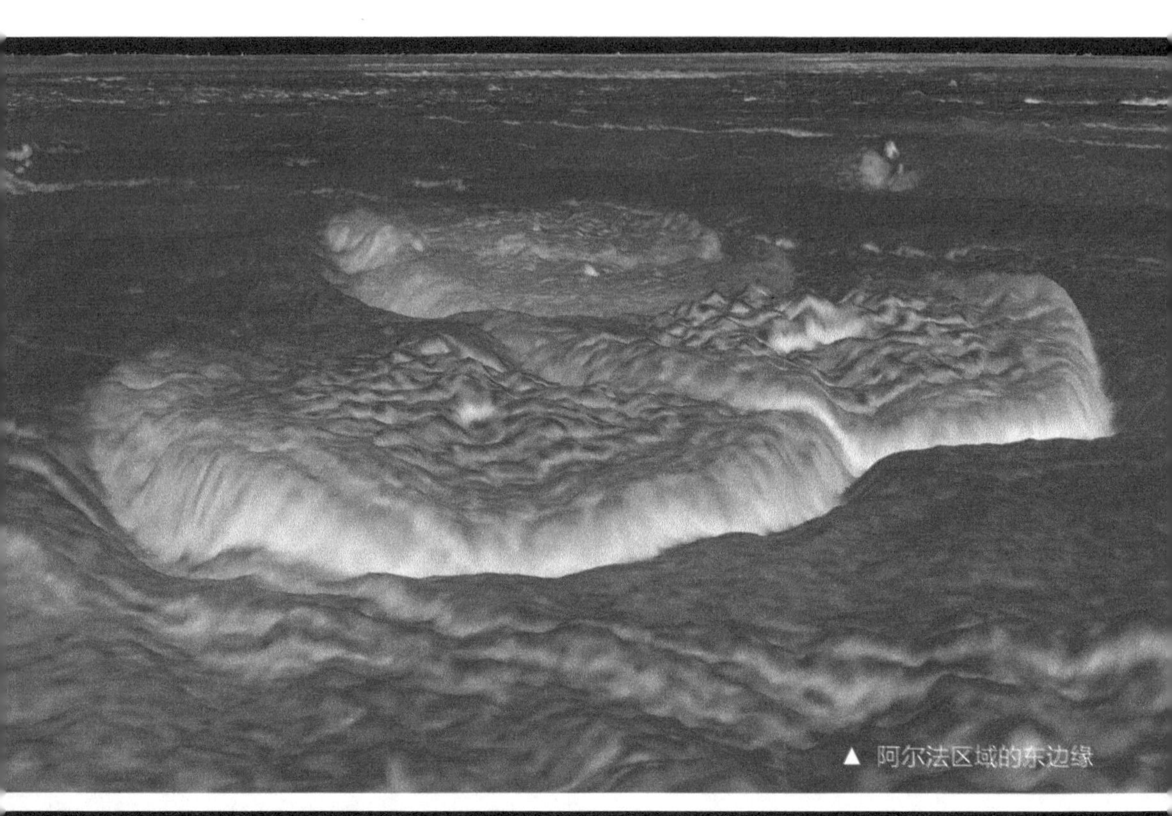

▲ 阿尔法区域的东边缘

▲ 低洼平原与高原的交界

当今快车是先锋

自从麦哲伦号在 1990—1994 年探测金星后，有很长时间人类没有发射专门用于金星探测的探测器。这个时间空隙一直延伸到 2005 年。在这一年的 11 月 9 日，欧洲空间局（ESA）发射了金星快车（Venus Express），它于 2006 年 4 月到达金星。这里所说的“快车”，并不是因为它跑得快，而是研制速度快。ESA 在设计金星快车时，曾利用了火星快车探测器和罗塞塔探测器的结构和相当多的仪器。金星快车项目提出于 2001 年，从提出最初构想到探测器准备发射只用了 4 年时间，是名副其实的“快车”。

金星快车的使命

● 探索金星大气上层围绕金星快速旋转以及金星两极地区强旋涡形成之谜；

● 研究金星全球气温平衡状况，金星上温室效应的形成机制以及金星温室效应的作用；

● 研究金星云层的结构及动态发展，研究较早前在其云层上部发现的神秘的紫外线斑；

● 研究金星大气随高度增加而产生的成分变化，金星大气如何与金星表面相互影响，太阳风是如何影响金星大气的；

● 研究在金星不同的高度上云和雾是怎样形成和变化的；

● 研究什么过程支配大气层的化学状态；

● 研究什么因素支配大气层的逃逸过程。

金星快车的 7 个科学载荷

空间等离子体和高能粒子分析器（ASPERA）：测量高能中性原子、离子和电子，探测太阳风和金星大气间的相互作用，获得全球等离子体和中性气体分布，调查近金星环境的等离子体区，提供未受干扰的太阳风参数。

高分辨率红外傅里叶分光计（PFS）：测量温度的三维变化，测量高度范围在 55 ～ 100 千米的风，测量 SO_2、CO、H_2O、HCl、HF 的浓度并寻找在 60 ～ 70 千米范围内的其他气体，外流的流体的测量，云的成分研究，寻找火山活动。

用于恒星遮掩和最低点观测的紫外和红外分光计（SPICAV/

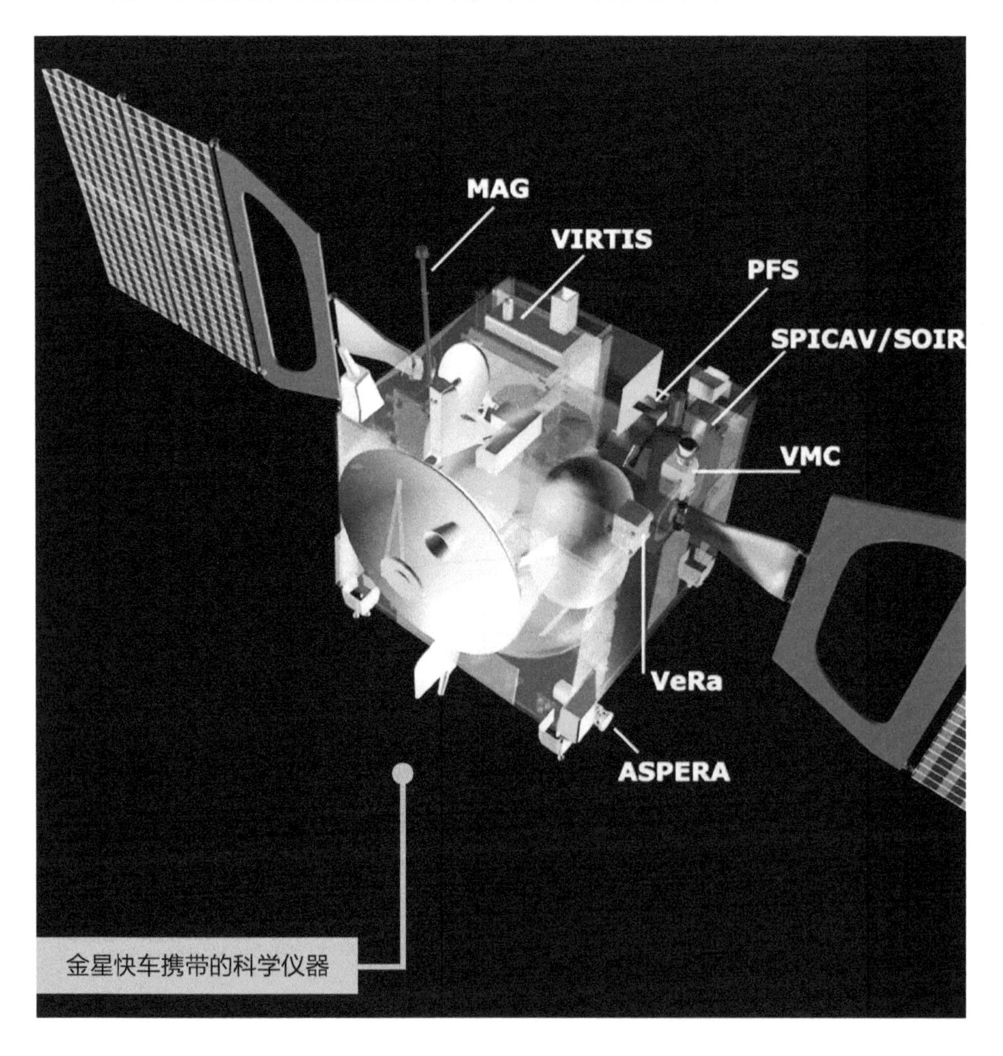

金星快车携带的科学仪器

量云上层的 SO_2 和 SO 的丰度，确定紫外线反照率；运用掩星（所谓掩星探测，在这里是指金星大气层遮掩了来自太阳的光线，通过测量光线在大气层中折射等现象，推导出大气层参数）对高达 170 ～ 180 千米的大气的垂直密度剖面进行测量。

● 金星无线电科学仪器（VeRa）：对电离层进行探测，获得电子密度的垂直剖面，确定电离层顶的高度，研究金星电离层和太阳风的相互作用；获得中性大气密度、温度和压力的垂直剖面。

● 紫外－可见光－红外成像分光计（VIRTIS）：研究在云下的低层大气成分及其变化，在 60 ～100 千米（背阳面）高度范围温度场的测量，搜寻闪电（背阳面）。

● 金星监测照相机（VMC）：对金星进行全球成像，在紫外和近红外光谱范围观测全球云的运动，研究在云顶部未知的紫外吸收物，绘制表面亮度温度分布并寻找火山活动。

● 磁强计（MAG）：测量金星的磁场。

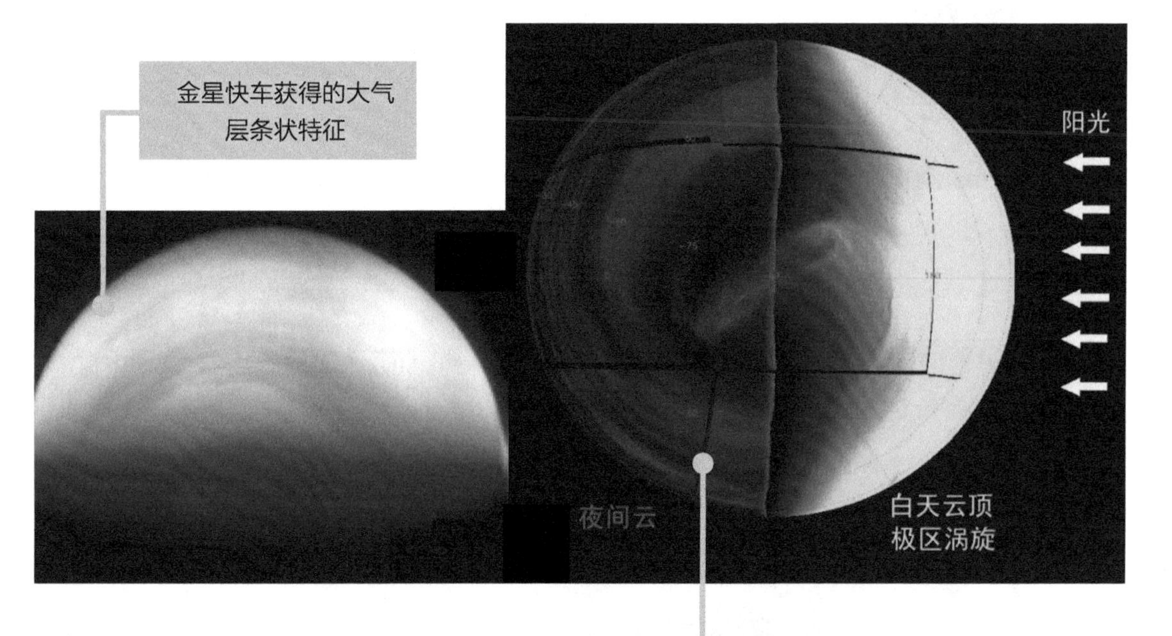

由金星快车获得的金星图像

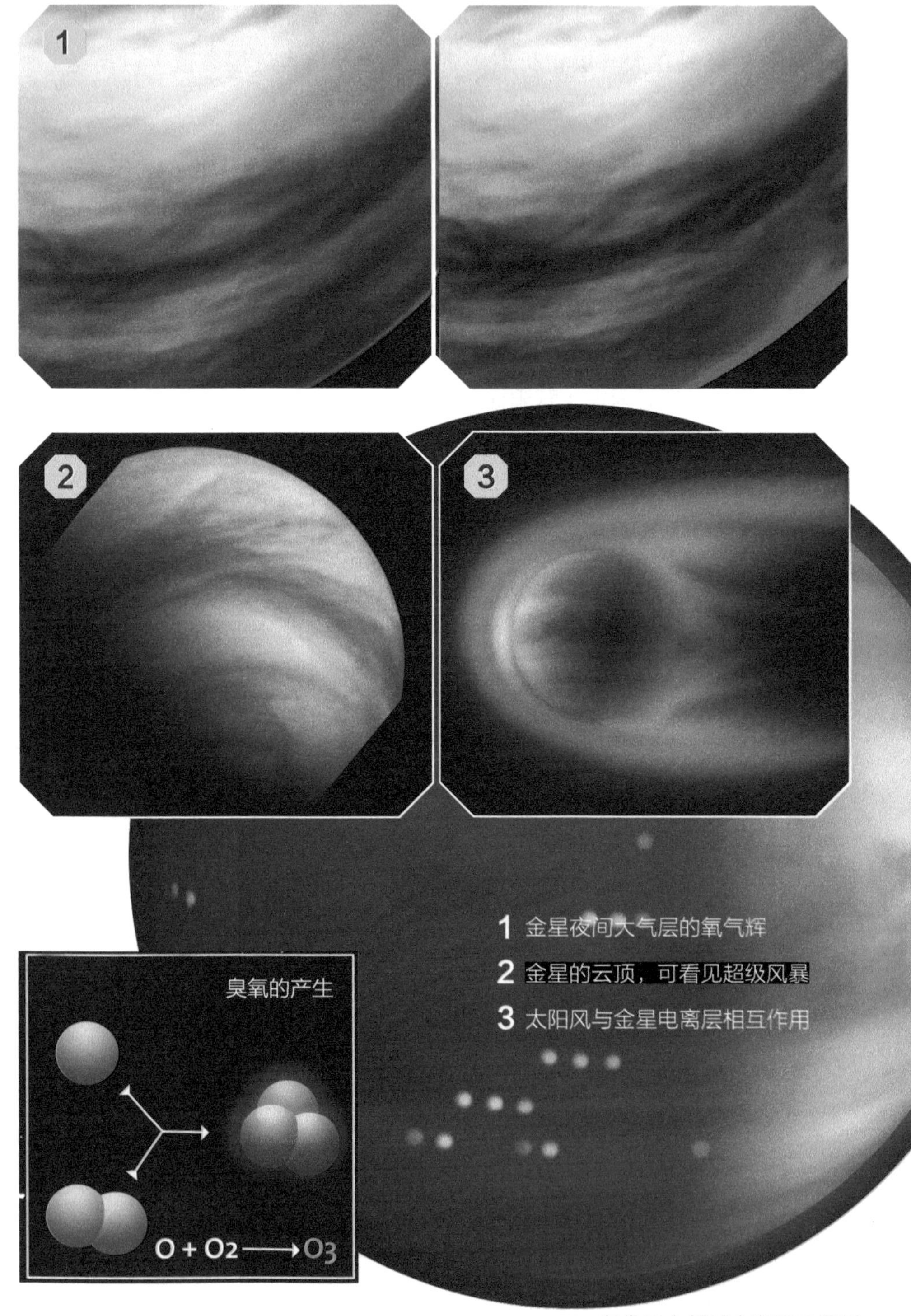

▲ 在金星大气层中发现了臭氧

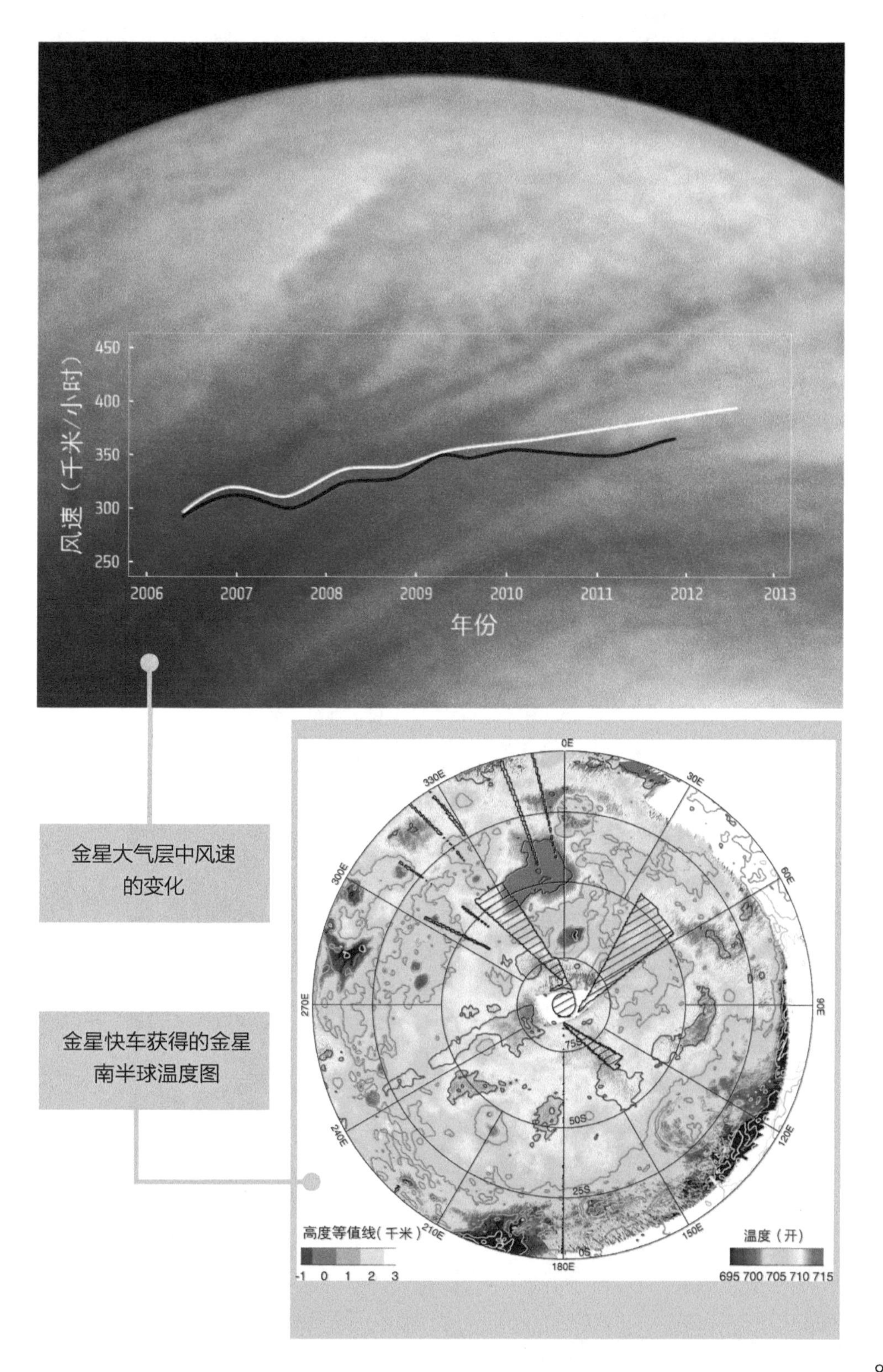

金星大气层中风速的变化

金星快车获得的金星南半球温度图

第6章

八大未解之谜

人类是最爱创造奇迹的生物，这些未解之谜是人类兴趣的最好“鱼饵”。

二氧化碳何其多

二氧化碳是金星大气层的主要成分，占 96.5%，而地球大气中的二氧化碳只占 0.033%。

地球大气中一度存在的大量二氧化碳，现在几乎全部被禁锢在碳酸盐岩石（如石灰石）中，其数量与金星大气中的二氧化碳数量相当。为什么金星大气层中的二氧化碳一直以气态形式存在呢？两个原本性质相近的行星又何以演化为完全不同的世界呢？

一种观点认为，地球早期大气层中可能存在高浓度的二氧化碳，但这些气体逐渐溶解于海洋及被捕获在表面矿物中，因此，几乎所有的二氧化碳气体离开了现在的大气层。如果地球的温室效应失控，现在被矿物捕获的二氧化碳将变为气态二氧化碳，地球将变得与现在的金星类似。地球和金星如此巨大的差异，仅仅起因于初始温度和大气层成分的小小差别。这也提醒人类应当更加关注越来越严重的全球变暖。

另一种观点认为，金星由于受到巨大的撞击而失去了原始大气层，现在的大气层是由于表面温度升高，而使碳以气态二氧化碳的形式进入大气层，变成了今天的状态。

▲ 金星的二氧化碳气体

大气超旋费琢磨

金星自转极端缓慢，可中层大气环绕金星运动的速度却很快。尽管科学家已经提出了一些假说，但目前还没有一个令人满意的解释。

揭开这个谜底的关键，是对金星大气的全球循环进行三维测量，特别是白天和夜间的纬向风测量。

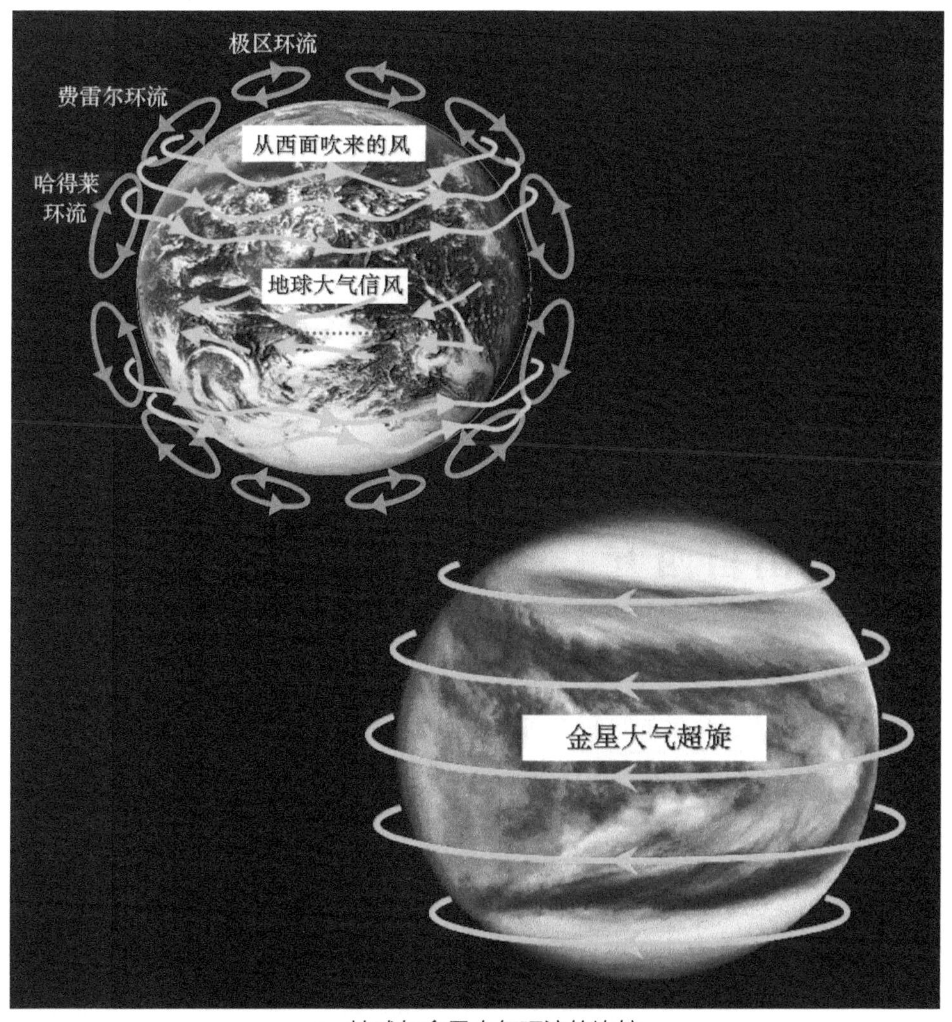

▲ 地球与金星大气环流的比较

其他方面的测量包括：

- 在感兴趣高度上，东西向和南北向风的全球经度和纬度结构。
- 水平风随高度的变化。
- 在不同高度上太阳热潮汐风的大小和相位。
- 行星表面对大气运动的影响。
- 对中层大气（70 ～ 140 千米）循环进行高精度的测量。
- 确定大尺度和小尺度波动在大气循环中的作用。

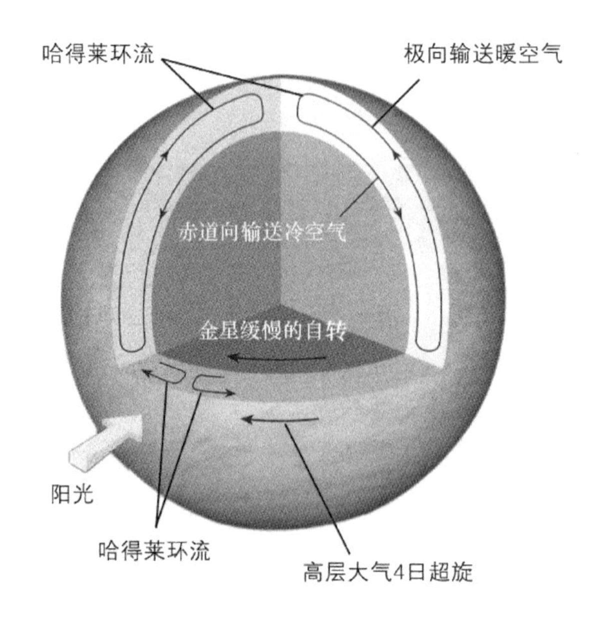

▲ 金星高层大气超旋

缘何日出自西方

与地球相比，金星的自转方向是逆向的；换一句话说，如果一个人站在金星的表面上，将看到太阳从西方升起、在东方落下的奇异景象。

一种理论认为，金星在太阳星云中形成的初期，金星的自转方向与地球的一致，自转也比较快。经过几十亿年的演化，其稠密大气层的潮汐效应，使得金星自转变缓，并逆向自转。

另一种理论认为，金星自形成以后，经历了一系列巨大的撞击，导致自转一度停止甚至逆向自转。

火山活动今何在

根据观测数据，金星大气层中含有一定数量的 SO_2，而这种气体会与金星表面的方解石（$CaCO_3$）发生化学反应，生成硬石膏（$CaSO_4$），这会降低金星大气层中 SO_2 的含量。在没有火山源存在的情况下，这种化学反应，足以在大约 1900 万年内消耗掉金星大气中所有的 SO_2。但实际情况不是这样的，因此，从这个角度看，推测金星目前应该有活动的火山。

金星快车携带的光谱仪对 Idunn 火山的观测表明，山顶的温度明显高于底部，由此推断，这个火山很可能是一个活动火山。但这一结论需要通过进一步观测来证实。

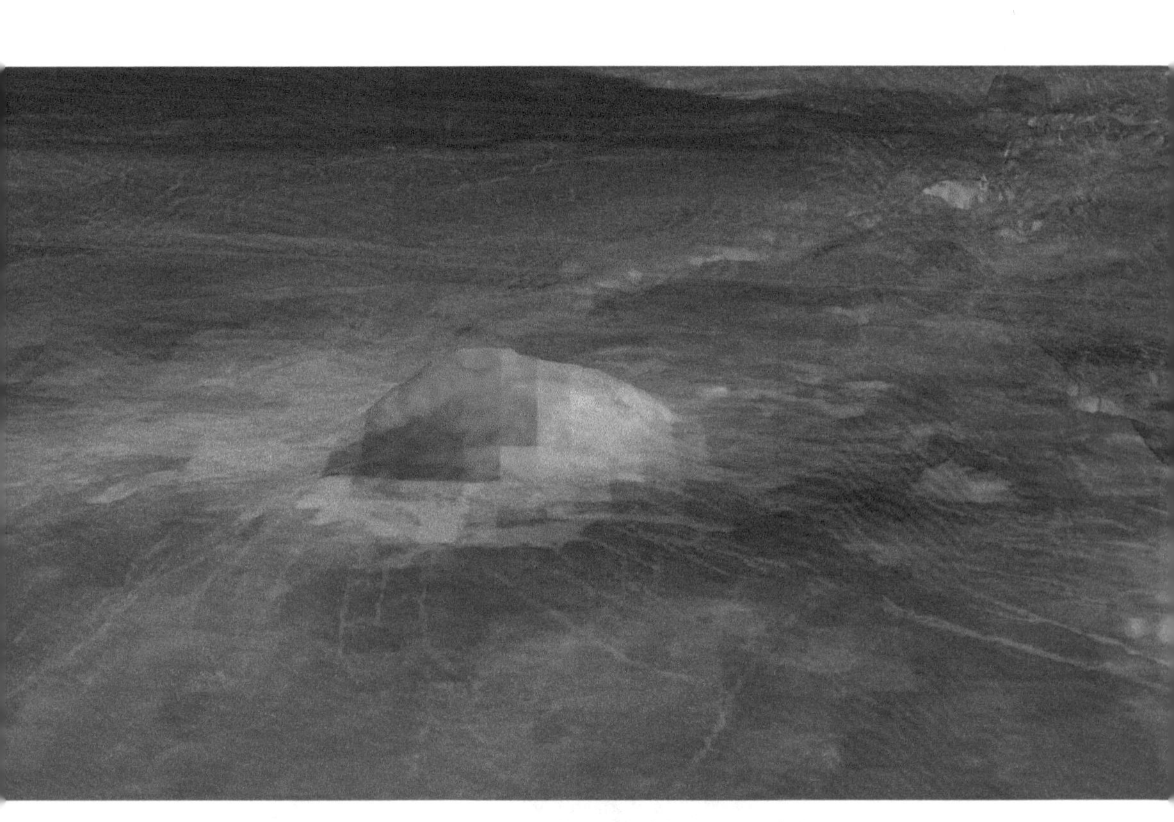

▲ Idunn 火山顶，红色与黄色表示红外辐射强度大。

内部可能有液体核

金星的内部结构可能与地球类似，因为它们的大小和密度几乎相同。另外，这两颗行星可能有相似的整体构成，因为它们形成于太阳星云相同的部分。尽管缺乏地震数据，根据重力数据仍可以建立金星内部结构的模式。目前认为金星的核可能是液体的，并富含铁，也含有硫和氧。但金星磁场很弱，这究竟是起因于金星自转缓慢，还是根本就没有液体核，目前还不能确定。金星的幔大概与地球类似，富含硅铁和硅镁。

对于金星的内部结构，目前给出的图形还缺乏实际的观测数据，因此在很大程度是猜测的。有许多问题需要通过进一步探测来解答，如金星有与地球类似的大陆吗？金星内部的物理、化学和热状态是什么样的？核的物理状态是什么样的？准确半径是多少？金星内部有水和挥发物吗？

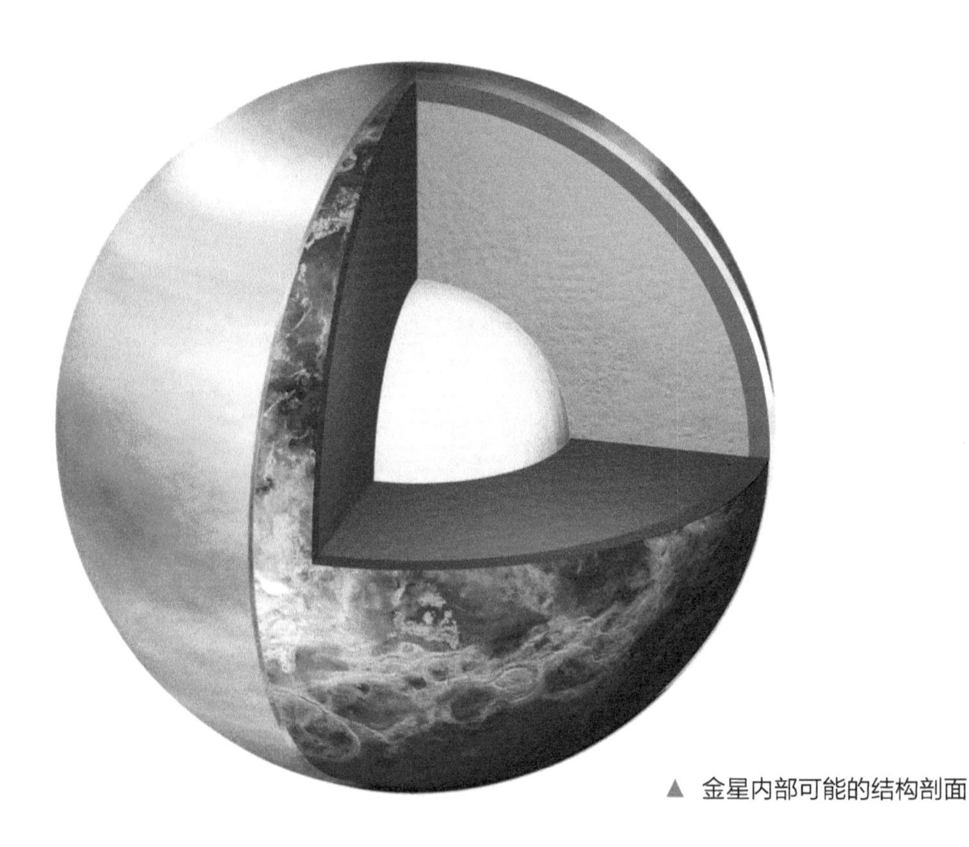

▲ 金星内部可能的结构剖面

美神究竟啥模样

在金星表面以上 30 ～45 千米之间是底层雾；45 ～70 千米之间有三层云，即低层云、中层云和高层云；70 ～80 千米之间是高层雾。有这些云和雾的遮挡，地面的望远镜和围绕金星运行的探测器，根本无法看清金星表面的真实面目。

根据对金星大气层散射和透射光谱特性的分析，若在白天对金星表面成像，探测器下落的高度应当在 15 千米以下；夜间对金星表面红外成像的最佳波长是 1.02 微米。

由此可知，若想看清美神“维纳斯”到底长什么模样，只有在大约 15 千米高度上放置气球或飞艇，携带高清晰度照相机，才能达到预期目的。

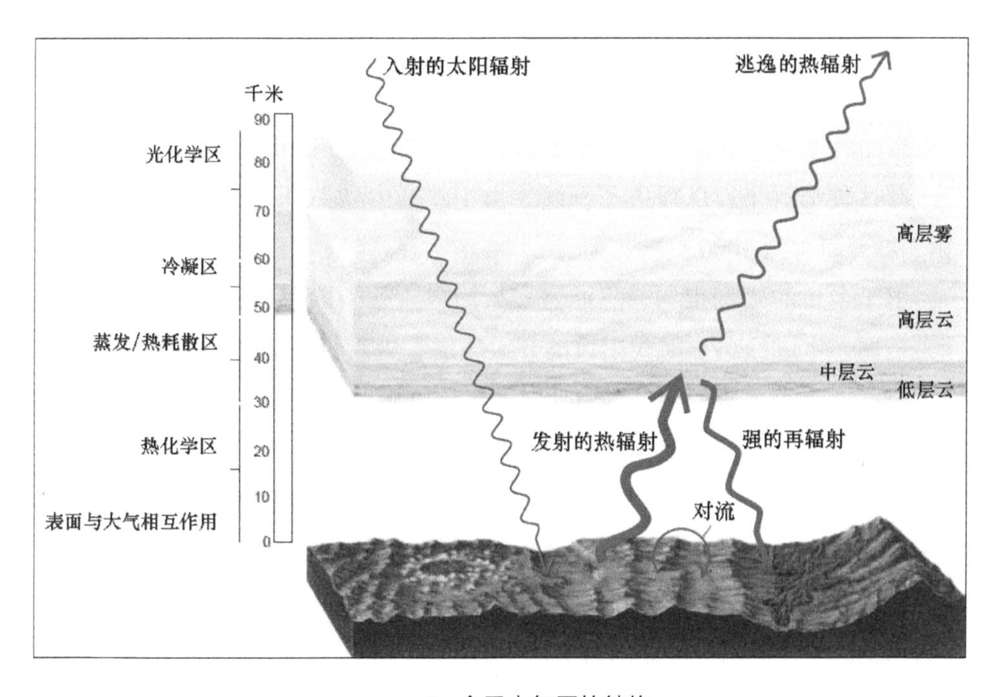

▲ 金星大气层的结构

液体海洋何时有

有一种理论认为，金星曾经比较冷，有过海洋。在金星演变的某个时期，温度升高，海水逐渐蒸发。水分蒸发进入上层大气，在那里被太阳加热逐渐分解，其中的氢逃逸到太空。海洋中的二氧化碳逐渐进入大气，使大气变厚，阻碍大地向太空散发热量，从而引起金星地面气温升高，产生温室效应。

为了证实金星曾经有液体海洋的理论，需要详细探测金星大气层中氘（符号 D）的含量与分布。

氘是氢（符号 H）的同位素，在地球大气层中，D/H 值是 1.48×10^{-4}。在地球、月球岩石、流星体以及彗星中，D/H 也大概是这个数值。在巨行星大气层中，在太阳及恒星际物质中，D/H 值也基本与地球上的相同。这是因为宇宙中所有的氘和氢都是在宇宙大爆炸的初期形成的。但根据先驱者 - 金星多探测器以及其他探测器获得的结果，金星大气层中 D/H 值大约是地球的 120 倍。为了说明高的 D/H 值与水流失的关系，我们做简化的估算。假设金星原始的 D/H 值是 10^{-4}，现在的值是 100。并假设初始的氘含量为 100，即 $D_{初始}=100$，则 $H_{初始}=100\times10000=1000000$；$D_{现在}=10$，则 $H_{现在}=1000$；氘与氢之比由 $(D/H)_{初始}=1/10000$ 变化到 $(D/H)_{现在}=1/100$。

在这种情况下，D 损失了 90%（由 100 减少到 10），而氢损失了 99.9%（由 100 万减少到 1000）。

由于金星的磁场很弱，不能阻挡太阳风，太阳风与大气分子相互作用，产生电离，生成的离子随太阳风离开大气层，进入行星际空间。水分子被分解为氧和氢，由于氢的同位素氘比氢重，因此流失量比氢少，这就是目前测量到的高 D/H 值的原因。

金星大气层中含氢的成分有甲烷 (CH_4)、氨 (NH_3) 和水 (H_2O)，而前两种含量稀少，水是氢的主要来源。由此可以得到结论，金星损失了其 99.9% 的水 。一些学者由此推断，金星过去曾经存在液体海洋，随着时间的推移，大多数水消失了，但消失的原因目前还不清楚。

紫斑是否有生命

人们一般认为，金星地表温度太高，大气压也太大，大气中含有大量极具腐蚀性的酸蒸气，不适合生命的存在。但美国得克萨斯州大学的一个研究小组动摇了这一结论。他们的研究表明，金星实际上可能有生命。他们发现金星大气里有神秘的斑块在旋转，经过分析，认为这些斑块可能是细菌群体。这些微生物可能在金星大气 50 千米上空的云中生存着，因为这儿的环境相对柔和，有水滴存在，温度是 70℃，大气类似于地球。

研究小组是在分析以往探测器的资料之后得出这一结论的。最初，他们发现金星上出现了化学上的怪事：他们原本期望在资料里找到大量由太阳光和闪电造成的一氧化碳，结果却发现了硫化氢和二氧化硫，这两种气体一般不会同时存在，除非有某种东西能产生它们；研究小组也发现了硫化碳酰，这是一种很难通过无机化学方式产生的气体，一般认为它的出现和活的有机体有关。因此他们分析，金星上可能有一种我们还不知道的产生硫化氢和硫化碳酰的方法，但产生这二者都需要催化剂。在地球上最有效的催化剂就是微生物，因此金星上的化学怪事只能用有活的微生物存在来解释了。

研究小组认为这些微生物可能利用太阳的紫外光作为能源，这就可以解释为什么在金星的紫外图像上存在着这些奇怪的暗斑了。尽管如此，许多科学家还是怀疑研究小组的结论。因此，需要对金星大气进行深入的探测才能得到某种可靠的答案。

▲ 金星大气层中的紫外斑

第7章 未来的金星探索

随着科技的不断进步及人类对金星探索的不断深入，也许某一天，人类的“足印”会真正地留在金星上。

本页图向大家展示了未来探测金星的两种方式：热气球和飞机。

探测方式推陈出新

为了深入、全面认识金星，需要对其开展多种方式的探测。这些方式包括环绕探测、下落探测、着陆器探测、气球（包括飞艇）探测、飞机探测和取样返回等。

● 所谓环绕探测，就是发射金星的人造卫星。这种方式是最基本的方式，可以对金星进行全球探测。用各种波段的光谱仪可以探测大气层的特征；利用红外光谱仪的某些谱段可以观测表面。如果携带雷达，则可以测量金星表面形态。未来的探测，要求光谱仪的谱分辨率和灵敏度更高；对雷达探测，则是要求提高空间分辨率。

● 下落探测的方式以前也多次采用，这种方式的特点是在下落过程中，可以直接测量沿着下落路径大气层的参数，也可以遥感路径周围大气层的情况。难点是 20 千米以下高度的探测，因为在这个高度以下，大气层的压力急剧增加，要求探测仪器能适应高压测量的要求；如果是气球探测，则需要气球本身具有相应的耐压性能。

● 着陆器探测：苏联在 20 世纪 70 年代发射了多个着陆器，这种探测方式可以直接了解金星表面的状态。今后的探测要求着陆器具有更长的寿命，这需要有主动制冷设备。以往发射的着陆器是固定在着陆点不动的，为了更广泛地了解金星表面状态，需要发射金星表面巡视车，也就是说，探测地点不限于着陆点，而是能在一定的范围内移动，这样就可以获得更多的信息。

● 气球（包括飞艇）探测不仅可以了解金星大气的特征，还可以在低高度对金星表面进行探测。这种探测方式对研究金星大气层与表面相互作用将是一种非常有效的手段。在气球运行期间，一般让气球悬浮在一定高度上，在纬向风的作用下水平移动，这样可获得关于金星表面特征和大气层特征的重要信息。

● 由于金星大气层厚重，用飞机探测是一种以前没有采用的很好的方式。对这种方式的可行性及优点，国外已经进行了深入研究，这种方式将很快加入到金星探测的行列中来。

● 取样返回对于深入了解金星表面元素和矿物构成是非常重要的，但技术难度也比较大。

在实际探测中，可能多种方式同时进行，这样可分辨出相关物理量的空间变化和时间变化特征，更加全面地了解金星。

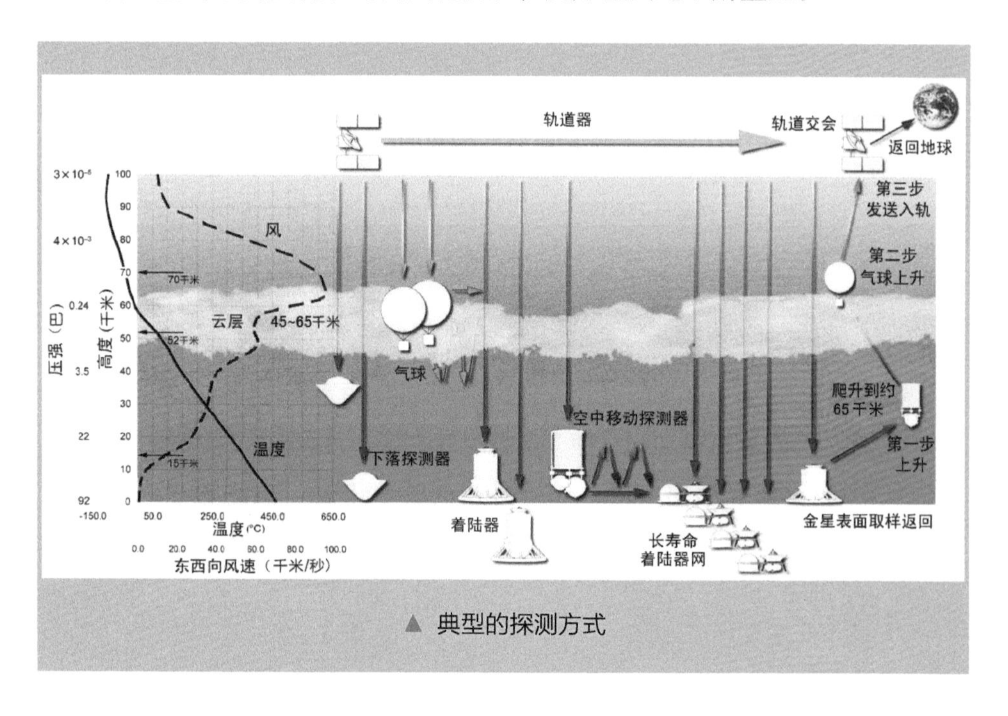

▲ 典型的探测方式

十项技术力争突破

金星表面及近表面的环境是非常恶劣的，在这些区域进行探测，将面对许多技术挑战。因此，为了实现既定的科学目标，必须在相关技术领域取得突破。目前需要攻关的技术包括：

● 表面样品获取和处理技术：在高温、高压环境下，如何获取样品、怎样将样品送到真空容器中，需要在苏联取样技术的基础上加以发展。

● 高级被动热控制技术：为了增加着陆器的寿命，需要采用高级绝热材料，使其着陆后工作时间在 2 小时以上，并逐步提高到 12 小时以上。增加热绝缘可以降低着陆器的制冷要求。

● 近表面（低于 15 千米）气球：金属波纹管被证明是一种有效的结构，但需要在金星表面的温度和压力条件下先进行模拟验证。近表面平台在 90 天的工作期间内可能会移动几百千米，在它以高的分辨率对金星表面成像时，需要考虑操作时的高度变化。

● 云层高度的气球：目前云层高度的气球技术是比较成熟的，但需要进一步发展和测试。现在的要求是可靠性和长寿命，要求材料必须能耐高温和耐腐蚀，运行时间在一个月以上。

● 高温和中温部件、传感器和电子学装置：探测器要求工作温度高达 260℃，风速计要求工作温度达 350℃，集成电路要求工作温度到 500℃，其他许多表面工作仪器也都要求能承受高温、高压。

● 压力控制技术：钛压力容器已被证明能胜任在金星表面使用。现在需要崭新的轻型材料。高级材料（如铍、蜂窝状结构）可以减少结构质量，这样就可以携带更多的有效载荷。

● 下落探测器和传感器：发展小的、能从气球平台上释放的下落探测器。下落探测器能探测沿着其下落路径的大气的物理参量，能弥补气球平台在恒定高度上对大气层测量的局限性。

● 新型电源技术：目前正在发展新型的基于热电效应的电源技术。这种技术的基本原理是，当有两种不同的导体或半导体组成一个回路，其两端相互连接时，只要两接点处的温度不同，一端温度高（称为热端），另一端温度低（称为冷端），回路中将产生一个电动势，该电动势的方向和大小与导体的材料及两接点的温度有关。在金星探测中，人们致力于发展一种“斯特令电源转换器”，其热端温度达 1200℃，冷端温度为 500℃。这种电源的优点是能在高温环境下工作，且热电转换效率高，输出功率高。

● 具有新功能的主动制冷技术：几乎每种长间隔（25 小时以上）的金星表面或近表面平台都需要有制冷机才能生存。以放射性同位素为基础的双重系统既可以制冷，又能发电，要求低质量、低震动，以适应近表面移动探测和地震网测量的需要。

● 环境模拟设备：目前全世界都没有能进行全尺度（探测器 / 着陆器）模拟试验的金星环境模拟设备。这种环境模拟设备要求能模拟瞬态金星大气层状态和成分，这对于确保着陆器、巡视车、低空气球的安全运行是至关重要的。

旗舰任务多国参与

旗舰任务概况

旗舰任务由美国喷气推进实验室牵头，参加的有俄罗斯、法国、日本和德国等国的科学家，该任务由一个高性能的轨道器、两个在云中的气球和两个降落在不同地形的着陆器组成，发射时间定于2020—2025年。

轨道器的任务

为气球提供1个月、为着陆器提供5小时（不包括1小时的下落阶段）的通信中继（通信中继即信号传递的“中转站”，它接收来自气球和着陆器的信号，并将其转发给地球）。在通信支持阶段，轨道器将气动制动进入230千米的圆形科学探测轨道，寿命为2年。极高分辨率的雷达和高度计能绘制金星表面图形，分辨率优于麦哲伦号2个量级，为研究金星的地质学打开了一个新的大门。

气球的任务

气球将进行7次环绕金星飞行，对气体和云中的气溶胶粒子（气溶胶粒子即悬浮在大气中的多种固体微粒和液体微小颗粒）连续取样，并测量太阳和云中的热辐射。

着陆器的任务

在下落过程中测量大气层，在着陆过程中对表面成像。到达表面后，对表面下的岩石和土壤中的元素和矿物含量进行精确的分析。着陆点全景图像的分辨率将比以前获得的高出1个量级，将提供着陆点和取样点的详细地质情况。

旗舰任务所要达到的科学目标

关于金星大气层要研究的具体问题

- 金星怎样演变得与地球如此不同?
- 金星曾经是可居住的吗? 如果是, 维持了多长时间?
- 金星是因撞击或流失到太空而损失了原始大气层吗?
- 什么因素驱动了金星大气层超旋?
- 地质活动和化学循环怎样影响了金星上的云和气候?
- 金星大气层气体是怎样流失到太空的?

关于金星地质学要研究的具体问题

- 金星火山和板块活动怎样重构了表面?
- 金星严重变形的高原是怎样形成的?
- 金星地质现在是活动的吗?
- 金星有过板块构造活动吗? 如果有, 什么时候结束的?
- 金星的表面地质结构与气候是怎样相互联系的?
- 水和其他挥发物对金星的地质演化起什么作用?

金星内部结构要研究的具体问题

- 金星有像地球上那样的大陆吗?
- 金星内部的化学、物理和热状态是怎样的?
- 金星的幔对流是怎样进行的?
- 金星核的大小和物理状态是什么样的?
- 金星岩石圈的结构是什么样的?
- 水和其他挥发物怎样影响了金星内部的演化?

金星地球化学要研究的具体问题

- 金星曾有海洋吗? 如果有, 在什么时候、怎样消失的?
- 在过去的几十亿年中, 是什么因素引起金星表面重构?
- 金星表面和大气层之间发生什么样的化学相互作用?
- 金星火山活动的驱动力是什么?
- 金星大岩石和土壤是怎样形成的?

旗舰任务的 6 个步骤

第一步：发射运载器（2021 年 4 月 30 日）。

第二步：发射轨道器（2021 年 10 月 29 日）。

第三步：轨道器飞行 159 天后于 2022 年 4 月 6 日到达金星，接着进行金星轨道切入机动，进入 300 千米×40000 千米轨道，为气球和着陆器进行通信中继。

第四步：运载器飞行 456 天后于 2022 年 7 月 30 日飞越金星。在飞越前 20 天释放 1# 进入系统；飞越金星前 10 天释放 2# 进入系统。

第五步：气球和着陆器进入和下落。

第六步：轨道器完成中继通信支持；经过 6 个月的气动制动，最终轨道变为 230 千米的圆形轨道，轨道器在此开展 2 年的轨道科学探测（推进剂足够用 2 年以上）。

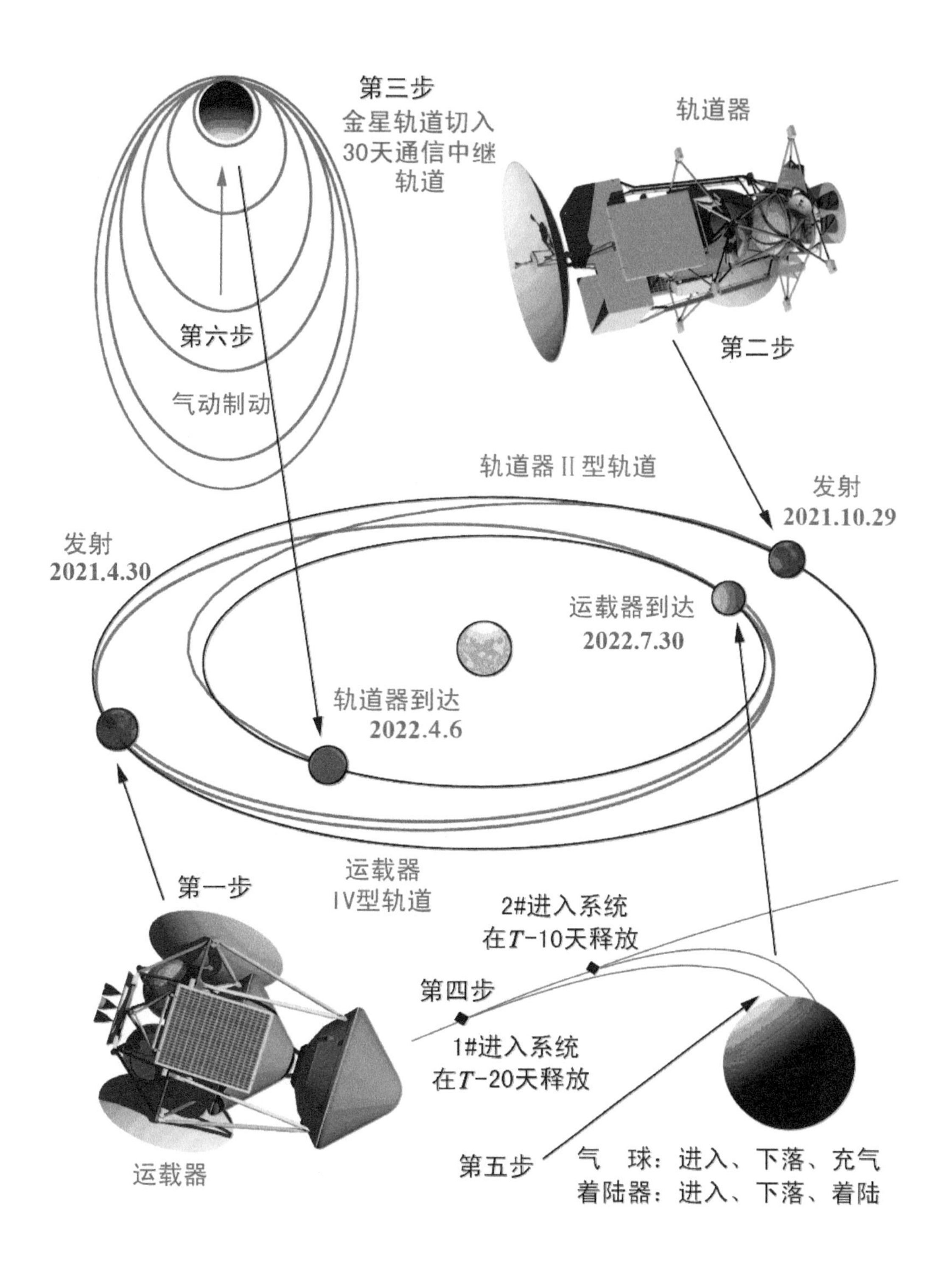

▲ 行星际轨道、伴随两次发射的各个任务阶段

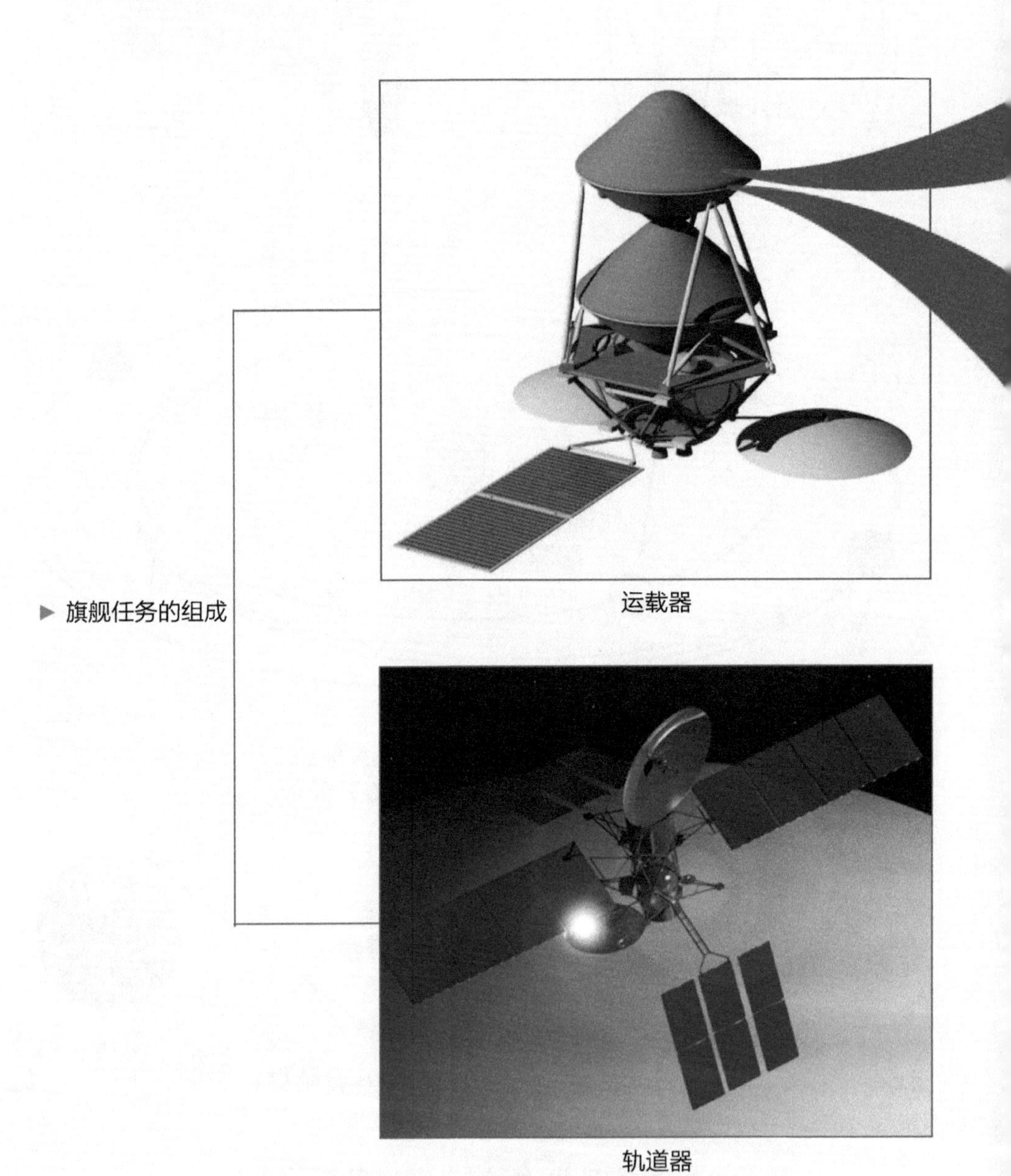
▶ 旗舰任务的组成
运载器
轨道器

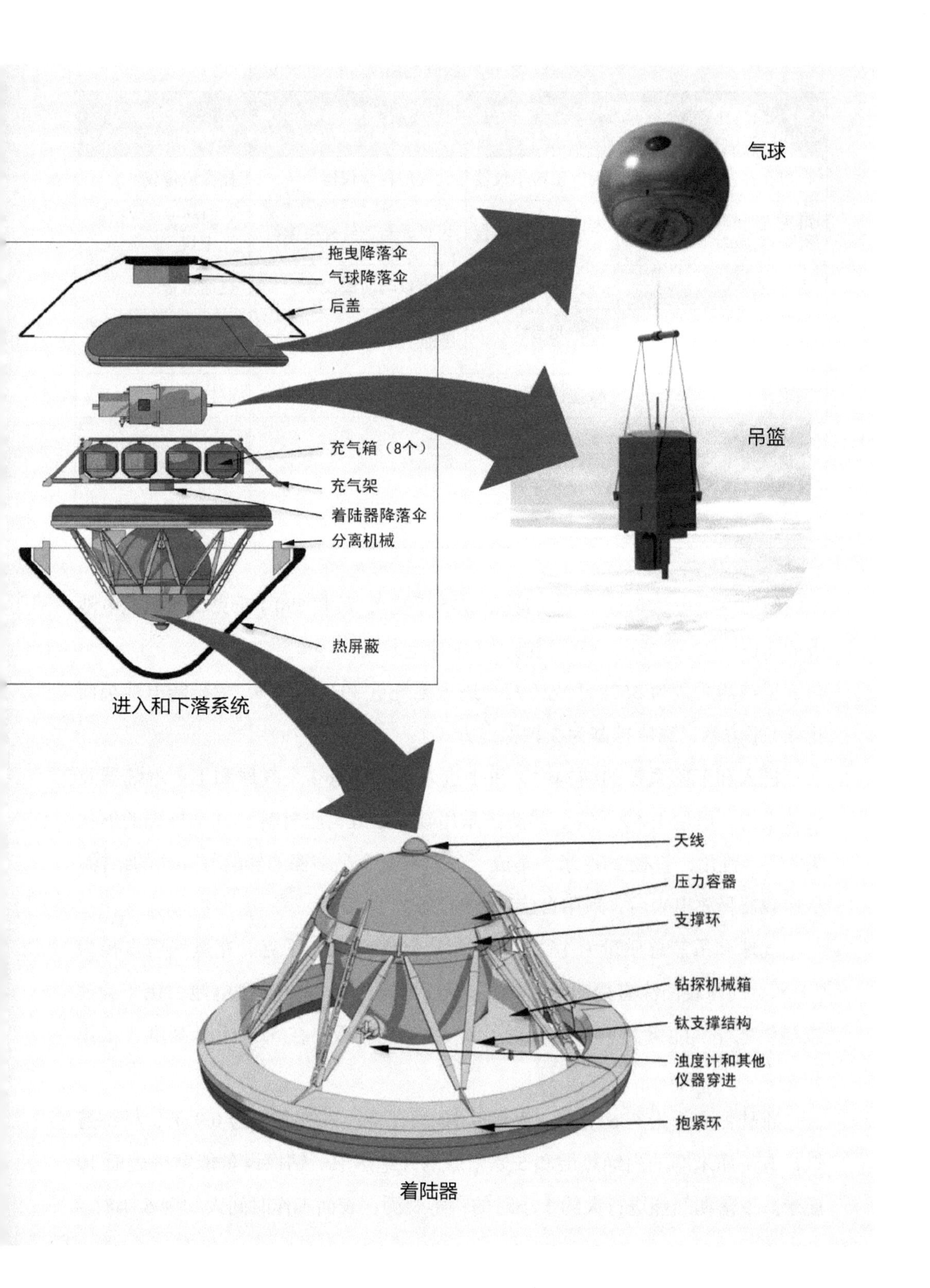
气球
拖曳降落伞
气球降落伞
后盖
吊篮
充气箱（8个）
充气架
着陆器降落伞
分离机械
热屏蔽
进入和下落系统
天线
压力容器
支撑环
钻探机械箱
钛支撑结构
浊度计和其他
仪器穿进
抱紧环
着陆器

▼ 轨道器、气球和着陆器所携带的科学仪器

轨道器（寿命 4 年）	气球（寿命 1 个月）	着陆器（下落阶段仪器）	着陆器（着陆阶段仪器）
合成孔径雷达	大气层科学仪器	大气层科学仪器	显微成像仪
可见光与红外成像光谱仪	色谱仪与质谱仪	可见光与近红外摄像机	X 射线荧光 / 衍射光谱仪
质谱仪	测云计	色谱仪与质谱仪	热通量板
亚毫米波探测器	可见光与红外摄像机	磁强计	伽马射线探测器
磁强计	磁强计	辐射计	取样器
朗谬尔探针（这是用于探测电子密度和离子密度的仪器）	无线电跟踪器	测云计	钻探器：约 10 厘米
无线电子系统			微波反射器

轨道器质量为 5306 千克（净重 2275 千克），负载 290.4 千克，太阳能电池板的面积为 32 平方米，高度控制为 3 轴稳定方式。

运载器质量为 5578 千克（两个进入系统重 3938 千克），太阳能电池板面积 4.4 平方米，高度控制为 3 轴稳定方式。

进入和下落系统的结构中，每个进入系统含有 1 个气球和 1 个着陆器及支持结构，质量 1969 千克。热防护采用碳－酚醛树脂材料；气动外壳的形状为 45° 半锥角，直径 2.65 米，集成了先驱者－金星多探测器的着陆器的结构。从运载器释放出来后，采用自旋稳定的方式。

气球和吊篮总质量为 162.5 千克，其中负载 22.5 千克。充氦气后直径为 7.1 米。气球表面涂有聚四氟乙烯，具有耐酸性。锂－亚硫酰电池，用于为负载提供电能，能量为 10.5 千瓦时，重 22 千克。悬浮在 55.5 千米高度，工作 30 天。

着陆器质量为 686 千克，负载重 106.2 千克。外壳直径为 0.9 米，材料是钛，有 1 厘米厚的内绝热层和 5 厘米厚的外绝热层。钻探设备能钻进表面 10 厘米。下落期间能进行大约 1 小时的科学观测，表面工作时间大约为 5 小时。

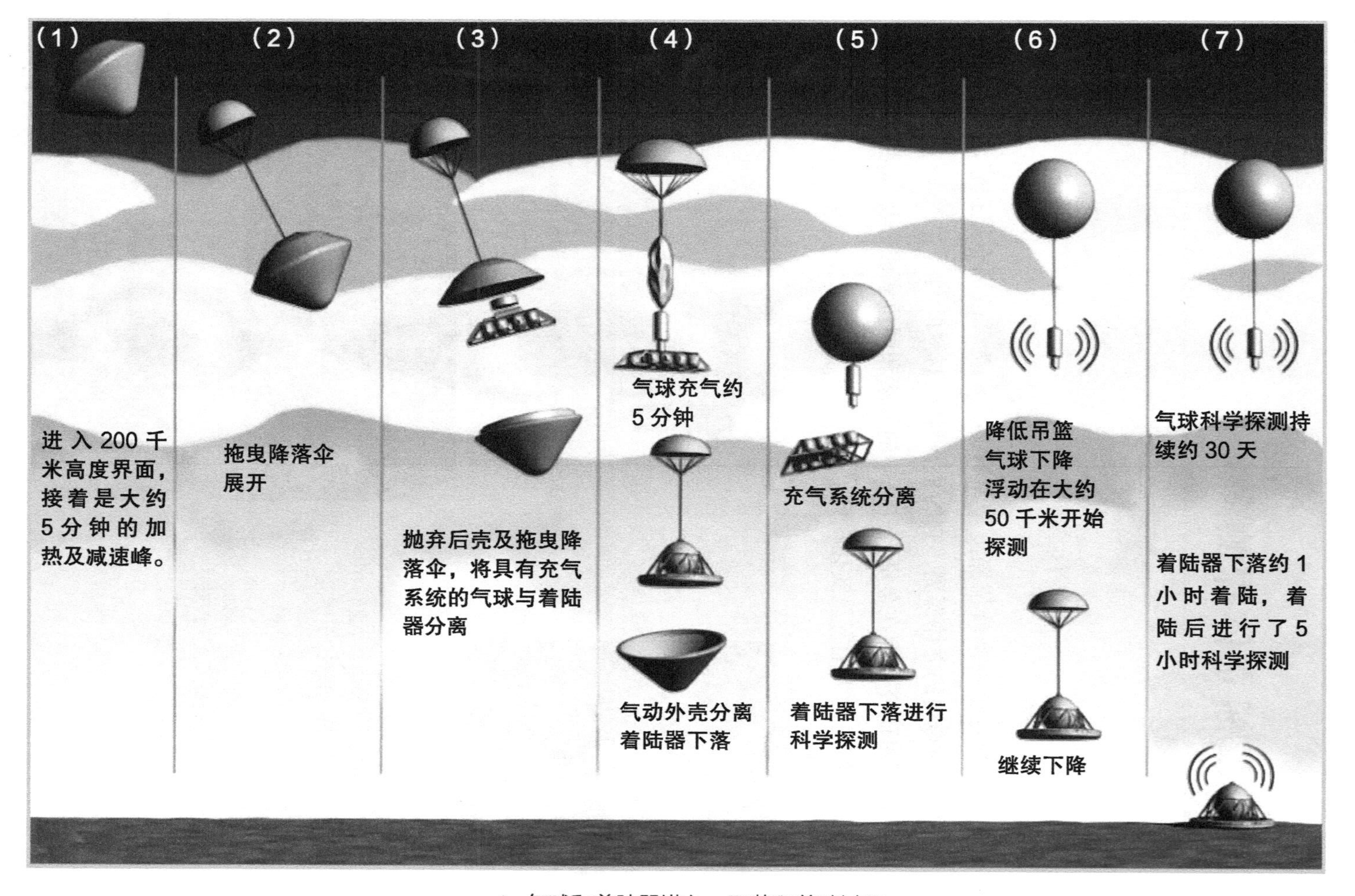

▲ 气球和着陆器进入、下落和着陆过程

欧美目标立体探测

EVE 的主要科学目标

ESA 制定了一个就位探测金星计划，称为“欧洲金星探索者”（EVE），它可实现对金星的立体探测，它的主要科学目标如下。

● 通过研究保存在金星大气层中的元素和同位素成分及其逃逸过程的数据，建立统一的类地行星演化模型。

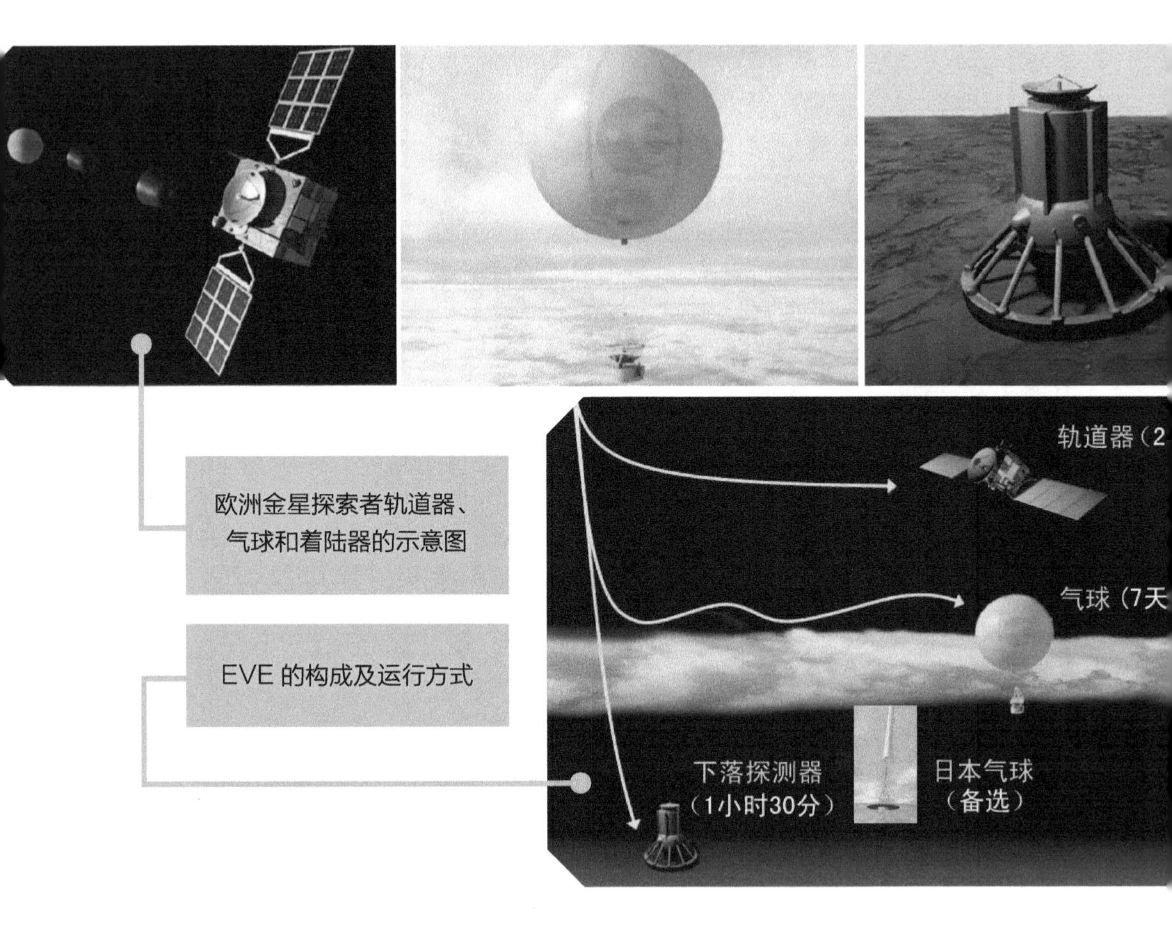

欧洲金星探索者轨道器、气球和着陆器的示意图

EVE 的构成及运行方式

● 通过定量地研究金星大气层成分与金星表面和内部的交换，研究金星当前气候的稳定性。

● 研究金星低层大气复杂的化学和辐射过程，特别是就位测量金星云层中的气体、气溶胶成分和辐射通量。

● 用低频雷达绘制金星表面下图形，重构金星地质历史。

● 通过就位探测和遥感测量风场，研究金星大气层动力学，包括令人迷惑的大气超旋。

● 利用气球和轨道器探测闪电特征，研究金星大气层放电过程及闪电对大气层电特性、化学特性的影响。

EVE 的构成

EVE 由一个浮动在 50 ～ 60 千米高度的气球平台、一个下落探测器和一个极轨轨道器组成，轨道器除了金星科学观测外，还能中继气球和下落探测器的数据。

由于金星有厚重的大气层，在其中放飞气球，是一种很重要的探测手段。在设计气球时，需要考虑的主要问题包括气球外皮的材料、为气球充气的气体和不同高度上大气层的参数。

▼ 充气气体与升力的关系

气体	相对分子质量	ρ/ρ_0（对于 CO_2）	在 16 千米处的升力（千克 / 米 ^{3}）	在表面的升力（千克 / 米 ^{3}）
CO_2	44	100%	0	0
N_2	28	64%	9.5	23.6
H_2O	18	41%	15.4	38.3
NH_3	17	39%	16.0	39.8
He	4	9%	23.6	58.9
H_2	2	4.5%	24.8	61.8

◆ 用于金星探测的气球目前有两种方案：一是传统的超高压气球；二是相变流体气球，这种气球在云层中的高度是振荡的。

◆ 超高压气球浮动在55千米的固定高度，寿命为7天。直径大约2.5米，悬浮质量40千克，总质量57千克。悬浮质量包括科学仪器、电源和通信系统。气球最大压强为0.1标准大气压，外层需要多层结构，以满足机械强度和热阻的需要。日本也建议一个独立的小气球平台，这个平台是由水蒸气充气的气球，计划在35千米高度处展开，并直接与地球通信。

◆ EVE气球携带的科学仪器在金星云的高度进行长期（1周）就位测量。主要科学目的是研究在云层所在高度的物理化学参数，包括气体成分、云粒子成分、云粒子大小和折射指数、辐射平衡、垂直风和扰动、大气电性质；另外，也是为测量轻元素和惰性气体的同位素比提供长时间的工作平台。

◆ 相变流体气球内充有氦或氢以提供浮力，此外还有水，因为在压力和温度变化时，水可以在气态和液态之间转换。

优点：一是不必考虑过压，可以使用现存的气球材料；二是在飞行过程中要求的充气量比超压氦气球的少。

技术风险：最大的风险来自飞行物理模式和大气层变化的不确定性，二者将引起气球所能达到的最高温度的不确定性。

另外，采用这种技术后，吊篮和科学仪器将要经受低于0℃和高于100℃的温度变化，这在设计阶段也是需要加以考虑的重要因素。

◆ 为了实现这些目的，气球携带的科学仪器如下。气体色谱仪和质谱仪组合：测量大气层和气溶胶成分。悬浮体散射仪：测量云粒子的大小分布和气溶胶粒子的折射指数。光学测量包：测量向下和向上的辐射，以研究大气层中的热平衡及温室效应，也探测闪电。大气层结构仪器和气象测量包：测量大气层的压力、温度和密度及其随高度的变化。甚长基线干涉仪S波段信标：用于从地面跟踪气球以测量风的特征。电测测量包：测量大气层中的电场和大气介电常数。

氦

氦

水蒸气

液体水

H_2O

科学负载

科学负载

◀ 相变流体气球工作方式

8小时

高度（千米）

时间（小时）

◆ 对于气球探测方式，目前有些概念性研究提出了多气球探测计划，最多的计划在不同高度上配置 12 ～ 24 个气球。

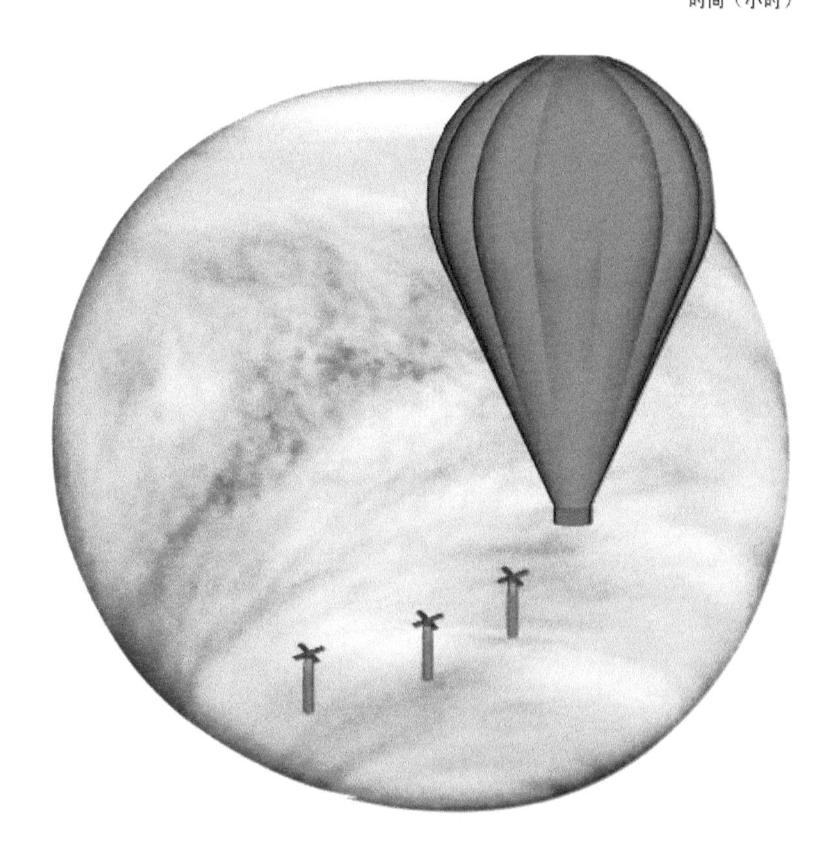

▲ 多气球探测

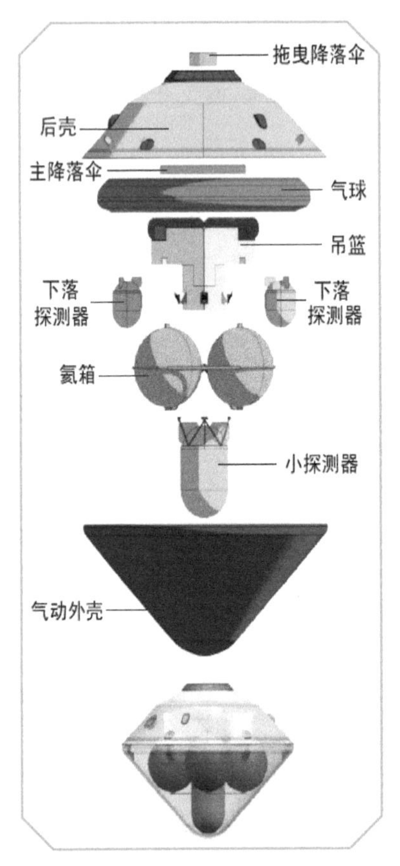

美国制定的“金星气候任务”（Venus Climat Mission，VCM）也是对金星进行立体探测。VCM 由运载器、吊篮与气球系统、小探测器和下落探测器组成。

运载器的作用是将吊篮、气球和探测器运送到金星，使它们进入金星大气层；这个任务完成后，进入环绕金星轨道，实地测量中高层云，并作为吊篮和气球系统的通信中继。

吊篮和气球系统悬停在距离金星表面 55 千米的高度上，进行 21 天的科学探测。其主要任务是测量风，深入了解大气层超旋。气球的直径为 8.1 米，充有氦气。两颗下落探测器，将测量从云的底部到表面的大气层压强和温度变化情况。小探测器将测量低底层大气的少量气体成分。

◀ 整个进入系统的结构

▼ 进入、下落和充气顺序

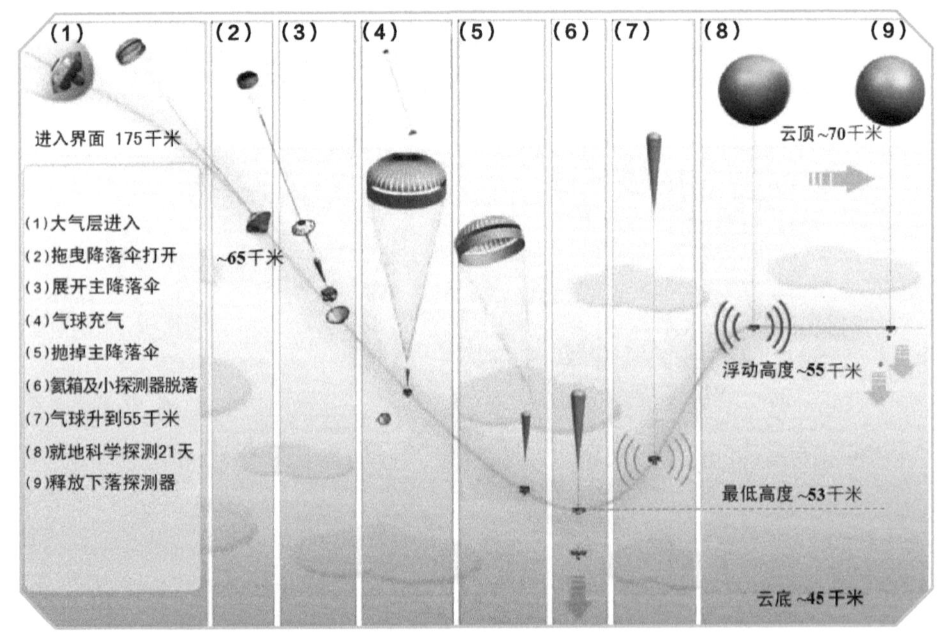

表面探测再获重视

对金星表面进行直接探测一直是科学家关注的问题。虽然苏联的金星系列探测器曾经在金星表面着陆，并对着陆点进行了观测，但由于着陆器在金星表面的寿命短，着陆器又是固定不动的，因此所观测到的区域和持续时间都很有限，对于深入研究金星是远远不够的。

“表面和大气层、金星化学探索者”（SAGE）是美国国家航空航天局（NASA）资助的研究项目，其目的是研究金星大气层、气候和表面演化的历史。

（1）SAGE 的任务概况：SAGE 将告诉人们金星的历史，为什么它与地球如此不同，而且还将告诉人们关于地球的命运。SAGE 计划于 2016 年 12 月发射，在地球与金星之间的行星际轨道飞行大约 136 天，着陆器于 2017 年 4 月与运载器分离，2017 年 5 月下落，在大气层中穿越 1 小时，着陆点可能在活动火山 Mielikki 山附近，在金星表面进行科学探测 3 小时以上。

▲ SAGE 系统操作过程

（2）SAGE 的科学目的：为了弄清为什么金星与地球如此不同，SAGE 将详细测量惰性气体、同位素和硫化物。金星曾经与地球类似吗？为了回答这个问题，SAGE 将在火山热点测量表面和表面下的成分；确定表面岩石类型、矿物成分和构造。

金星当前的状态预示了地球的命运吗？为回答这个问题，SAGE 将根据探测结果，建立关于金星历史和预报其未来的模式。

（3）SAGE 系统构成：SAGE 系统由着陆器和运载器组成。运载器到达金星后，在着陆器下落之前 5 天，运载器与着陆器分离。着陆器按照预定的程序进入大气层并在表面着陆；而运载器则在着陆器与其分离后飞越金星。

着陆器携带了大气成分探测器、表面地质学研究探测器及表面成分与矿物学研究探测器。着陆后，挖掘系统将挖掘 4 英寸深，然后将金星土壤样品送入压力容器，用激光谱仪和伽马射线谱仪进行分析，由此获得金星表面成分和结构的信息。

运载器是一个 3 轴稳定的结构。释放出着陆器后，还将承担着接收、存储和向地球发送科学数据的任务。着陆器向运载器发送的数据是由 S 波段高增益天线接收的。

在金星表面探测的最大技术挑战是着陆，因为金星表面的环境极为恶劣，如何使着陆器在表面工作更长时间，这是关键问题。这要求着陆器耐高压并保持内部温度恒定。

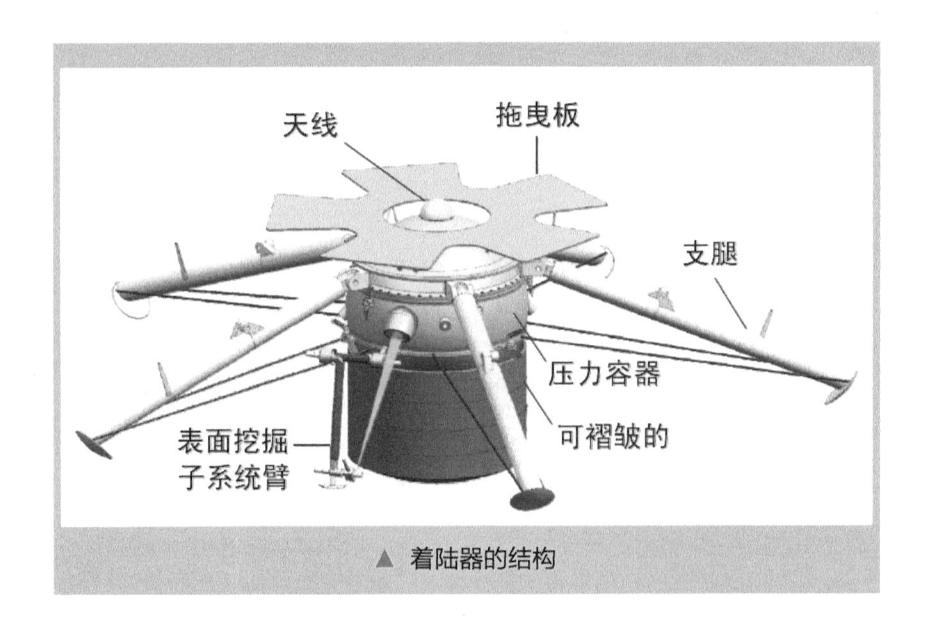

▲ 着陆器的结构

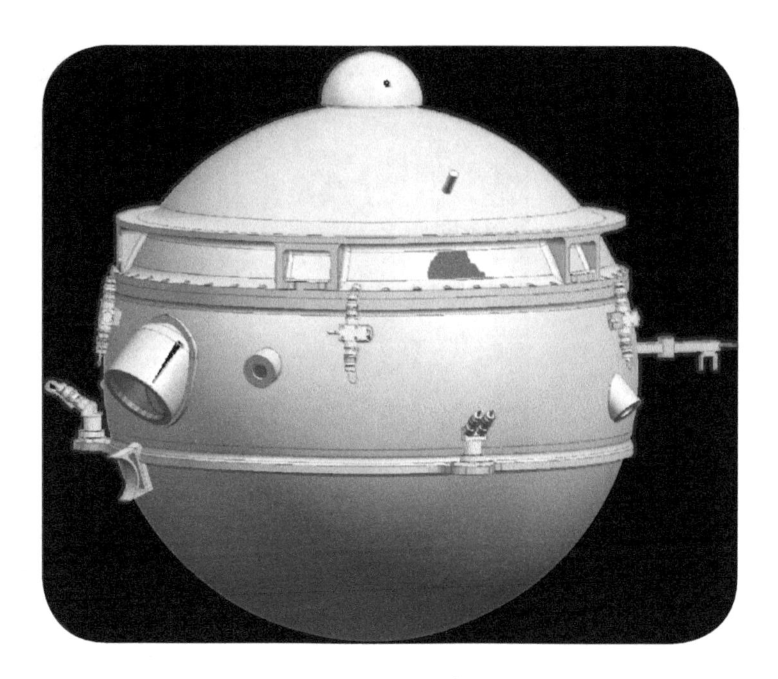

▲ 着陆器压力容器

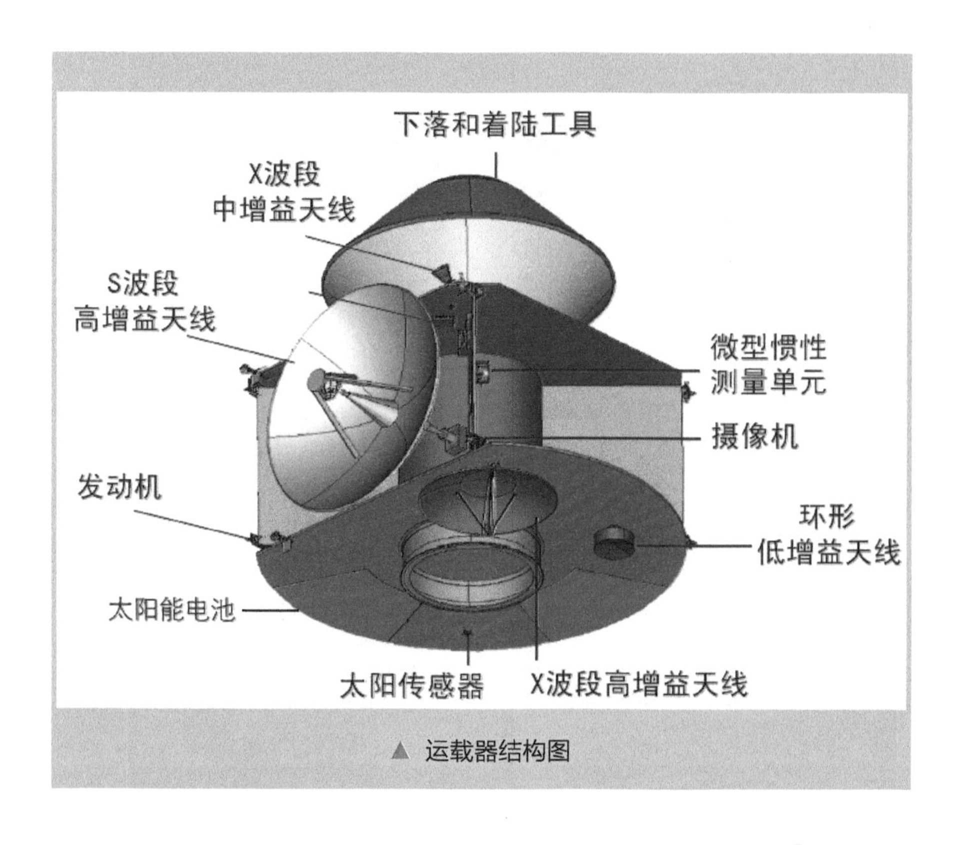

▲ 运载器结构图

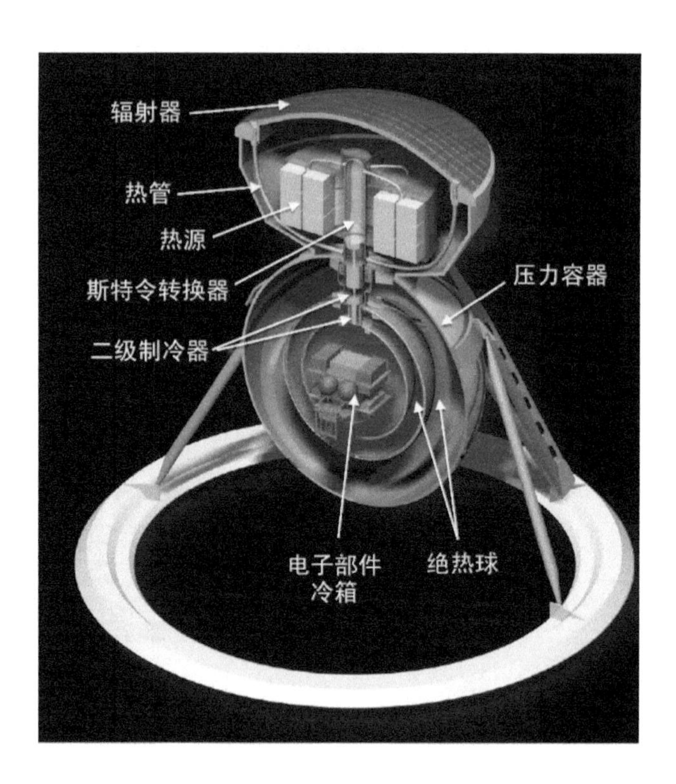

▶ 长寿命着陆器

▼ 几种着陆器的设计方案

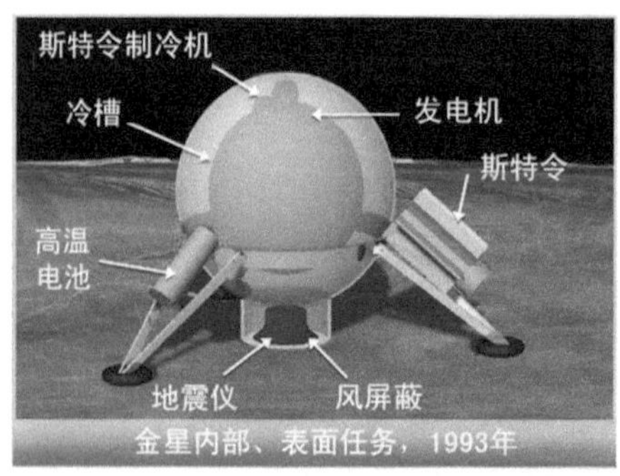

金星内部、表面任务，1993年

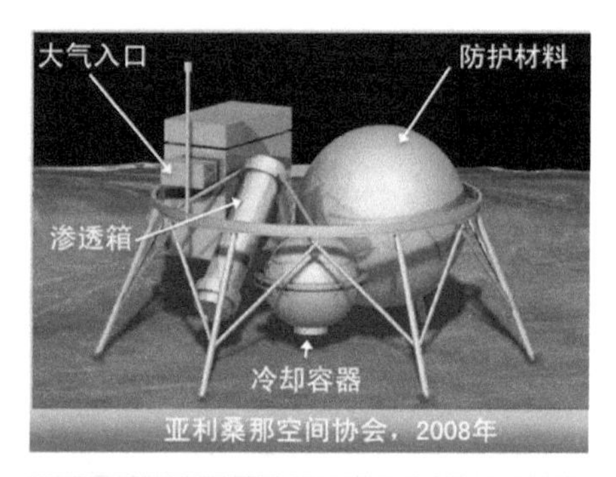

亚利桑那空间协会，2008年

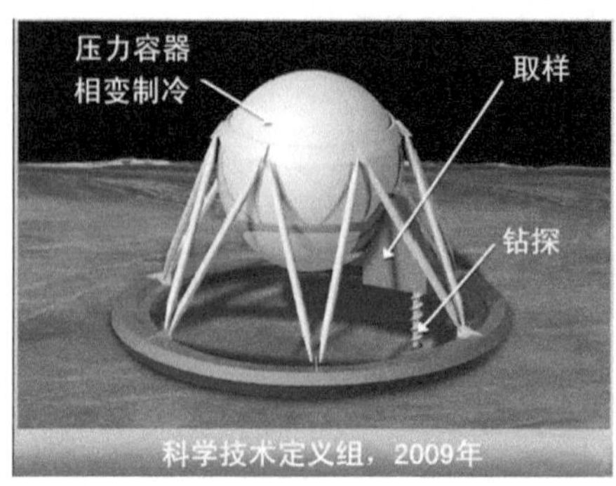

科学技术定义组，2009年

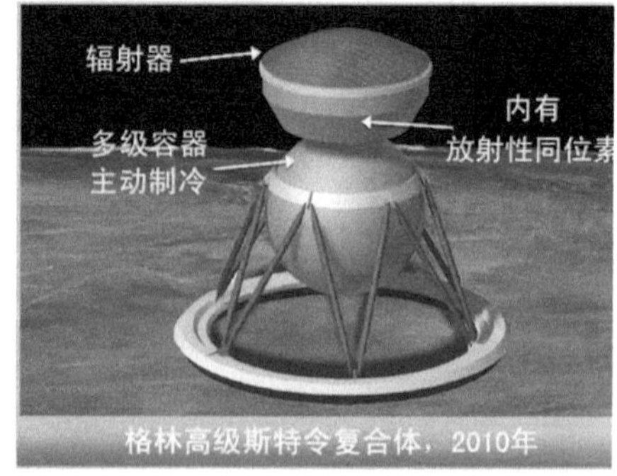

格林高级斯特令复合体，2010年

近表移动扩大战果

对金星表面进行直接探测是一种非常重要的探测方式。但如果一次探测只在一个地点着陆，所获得的信息有限。为了获得更多的信息，美国戈达德空间飞行中心着手研究“金星移动探索者”（VME）项目，目标是在金星表面两个不同位置测量成分和矿物学特征。

VME 在探测金星时分两个过程，首先是探测器下落时的探测阶段，然后是在两个不同着陆地点的探测阶段。

在大约 1 小时的下落阶段，通过探测惰性气体的同位素比，确定金星是否有一个因受到撞击而产生的第二大气层，是否引入了相当多的外太阳系物质，包括挥发性物质；通过测量近表面大气层的少量气体，确定关键化学成分（S、C、O）在表面和大气层之间的交换率；通过测量大气层中的氘氢比（D/T），确定金星过去可能存在的海洋的大小和时间；通过测量温度、压强和风，确定金星近表面大气层物理参数的变化特征。

在着陆器着陆后，用仪器辨别金星表面岩石的矿物学和化学特征，包括寻找花岗岩和沉积类岩石，分析铁的氧化和矿物学状态。这些试验能确定金星上的海洋是在多久以前消失的，因此可以确定在多长时间以前金星有潜在的生命。

从发射到进入金星大气层期间 VME 的操作过程如下：

（1）计划于 2023 年 5 月 27 日用 Atlas V 551 火箭发射。

（2）从发射到进入金星大气层，火箭的行星际飞行时间为 264 天。

（3）在释放进入大气层系统之前，运载器自旋，使得进入系统自旋稳定。

（4）进入系统在其进入大气层之前 5 天与运载器分离。

（5）进入系统将于 2024 年 2 月 15 日到达 175 千米的大气层界面。

（6）进入系统的速度为 11.3 千米 / 秒，与大气层剧烈摩擦产生热量，过载加速度为 167g。

（7）在大约 60 千米高度展开降落伞。

（8）在降落伞展开后，前后壳分离。

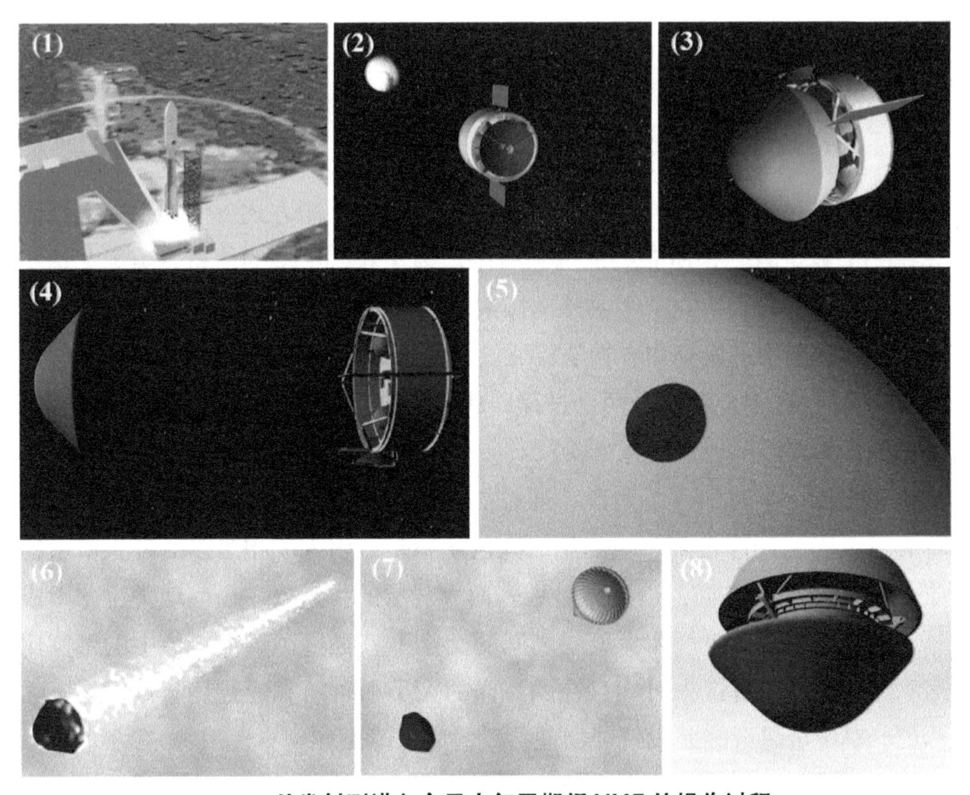

▲ 从发射到进入金星大气层期间 VME 的操作过程

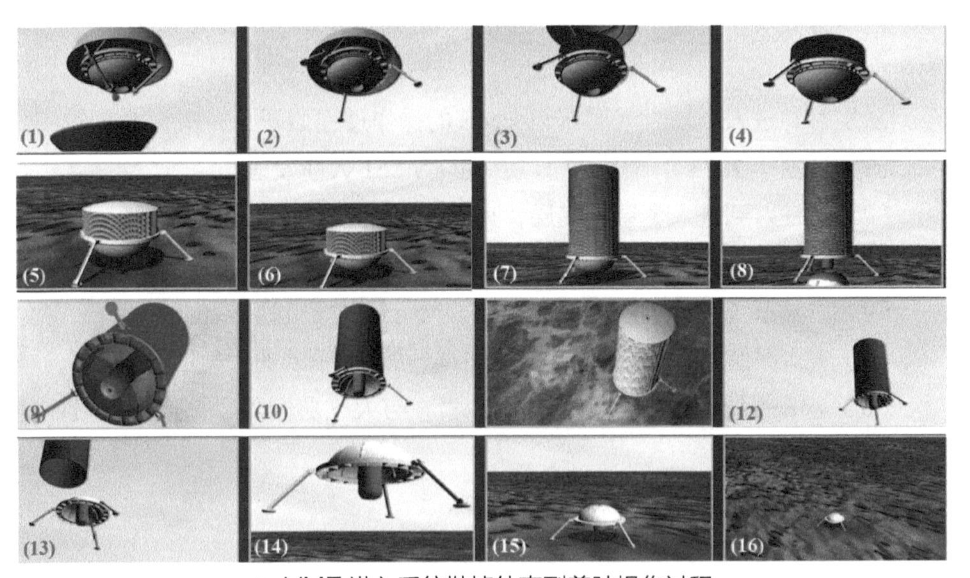

▲ VME 进入系统抛掉外壳到着陆操作过程

VME 进入系统抛掉外壳到着陆的操作过程，各步骤的具体内容如下：

（1）在大约 60 千米高度处抛弃前壳；随着系统下落，压力和温度升高；氦气箱能承受 680 标准大气压。

（2）展开着陆支架，这些支架可阻尼大约 34*g* 的着陆过载。

（3）抛掉后壳和降落伞，通过拖曳板改进气动稳定性。

（4）在大气层中穿行大约 1 小时后，VME 落到金星表面，撞击速度预期为 10 米 / 秒左右。在下落过程中，波纹管内压强保持在比周围低 0.5 巴。

（5）成功在指定地点着陆。

（6）VME 平台在第一个着陆点进行大约 30 分钟的科学探测。该着陆点的高度为 2 千米，压强为 81 巴，温度为 447℃。

（7）波纹管充气 5 分钟，高度是折叠时的 5 倍。

（8）81 千克的氦被充进波纹管，充气结束，抛掉氦箱。842 千克的氦箱作为一个平衡器，被抛掉后，波纹管带着吊篮上升。

（9）没有氦箱的 VME 在大约 20 分钟内上升到设计的浮动高度；在 5 千米高度（即高原表面 3 千米），温度为 421℃，压强为 67 巴。

（10）从表面到设计的浮动高度，为了保持波纹管内外 0.5 巴的压差，氦通过一个压力卸载阀门排泄，从而保持波纹管恒定的体积。排泄的氦数量为 11.5 千克（2 ～ 5 千米）。

（11）一旦到达设计的浮动高度，波纹管能进行无前例的近金星表面科学探测，包括在轨道上不可能实现的高分辨率成像。

（12）在 220 分钟的移动期间，VME 将覆盖 8 ～ 16 千米的距离，实际范围与风速有关。近表面移动可以加深对风动力学的了解，而这是用下落探测器难以测量的。

（13）在大约 3 小时的移动后，吊篮与波纹管自动分离。

（14）吊篮在 10 ～ 20 分钟内下落到第二个着陆点的表面。

（15）在第二个着陆点，吊篮将执行与第一个着陆点相同的科学研究。科学负载装在压力容器内，有即采用散热器和遮挡阳光的方法。

（16）金属波纹管可以提供近表面空中移动，进入两个相距为十几千米的表面位置。

移动探索的方案也将经受技术挑战。从金星表面到 3 千米的高度，探测器将经受极端的环境条件，温度从 447℃下降至 421℃，压强从 81 巴下降至 67 巴。只有金属波纹管才能经受这样的环境变化。

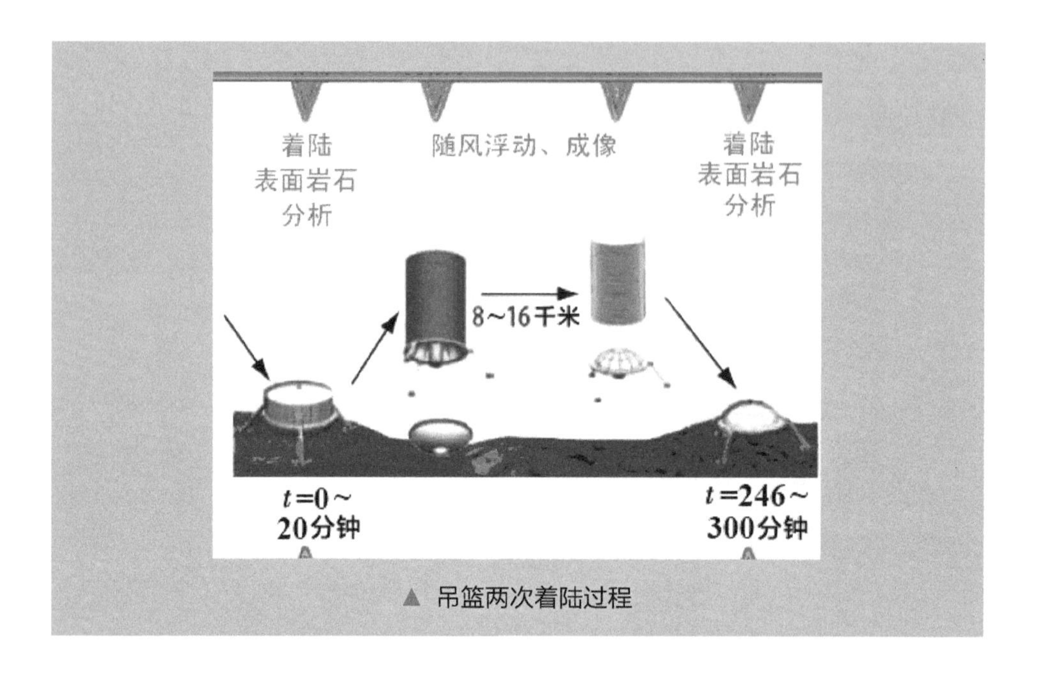

▲ 吊篮两次着陆过程

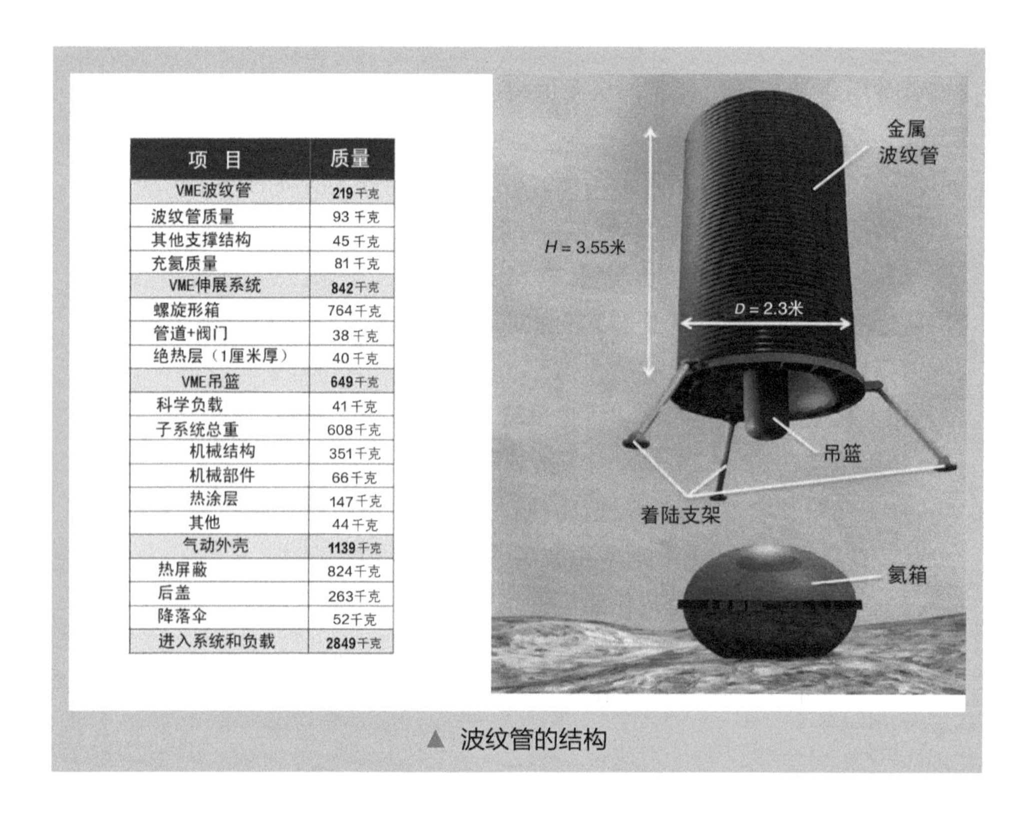

项　目	质量
VME波纹管	219千克
波纹管质量	93 千克
其他支撑结构	45 千克
充氦质量	81 千克
VME伸展系统	842千克
螺旋形箱	764千克
管道+阀门	38 千克
绝热层（1厘米厚）	40 千克
VME吊篮	649千克
科学负载	41 千克
子系统总重	608千克
机械结构	351千克
机械部件	66千克
热涂层	147 千克
其他	44 千克
气动外壳	1139千克
热屏蔽	824千克
后盖	263千克
降落伞	52千克
进入系统和负载	2849千克

▲ 波纹管的结构

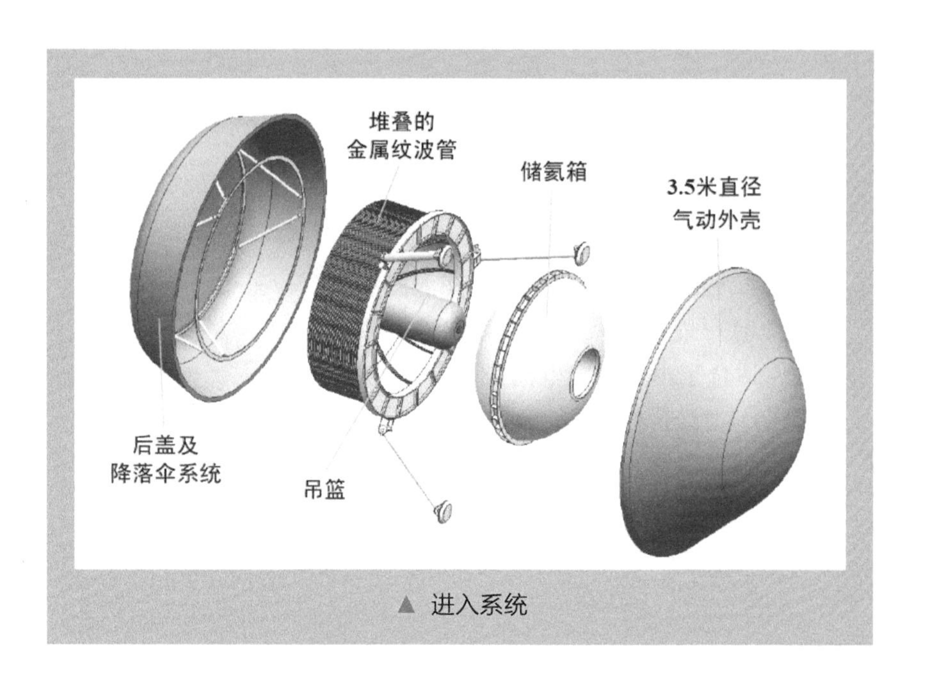

▲ 进入系统

▲ 飞行在金星大气层中波纹管

大量使用金星飞机

飞机探测将在未来的金星探测中发挥重要作用。

（1）金星大气层适合于飞机飞行：在太阳系所有行星中，金星的自转是最缓慢的，完全有可能保持飞机一直飞行在日照的区域。太阳能是很丰富的，探测金星非常适合于由太阳能电池提供动力。

在金星 50 ～ 75 千米范围的大气层是变化最大、人们最感兴趣的区域。

金星飞机面对的技术挑战是剧烈的风和腐蚀性的大气层。在人们感兴趣的飞行高度上，云顶的风速达到大约 95 米 / 秒，为了保持在金星的日照面，飞机的速度必须维持在风速或超过风速。

（2）金星飞机的特征：更普通的一种设计是将尾部同机翼一样都折叠起来。另一种类型的机翼采用可充气的方式。这种形式的飞机可以将机翼做得更大一些，典型的飞行高度在距离表面 65 ～ 75 千米，在云层内或稍高于云层。在这个高度，大气压强类似于地球上飞机所经受的压强。为了探索较低的高度，可以令飞机滑翔到低高度几个小时，然后再爬升到较高的高度。

1.5 米直径的气动外壳可以携带大飞机。此飞机质量为 15 千克，机翼面积为 1.6 平方米，机翼长 4.38 米。水平的尾面积为 0.32 平方米，垂直尾面积 0.22 平方米。

◀ 飞行在金星云层上面的飞机

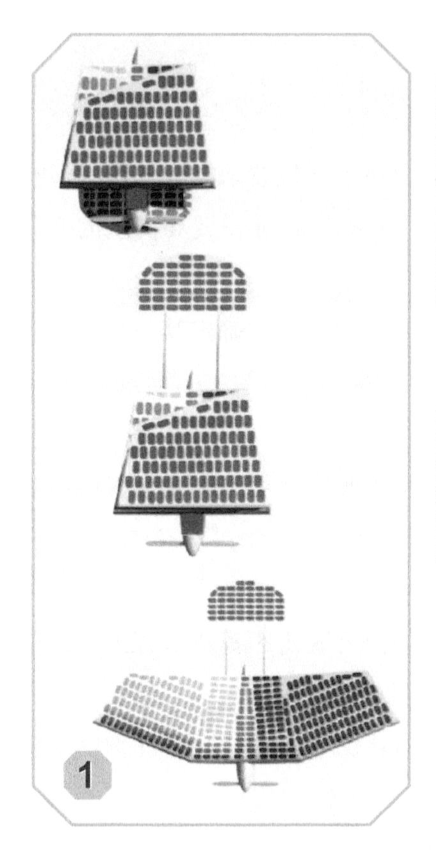

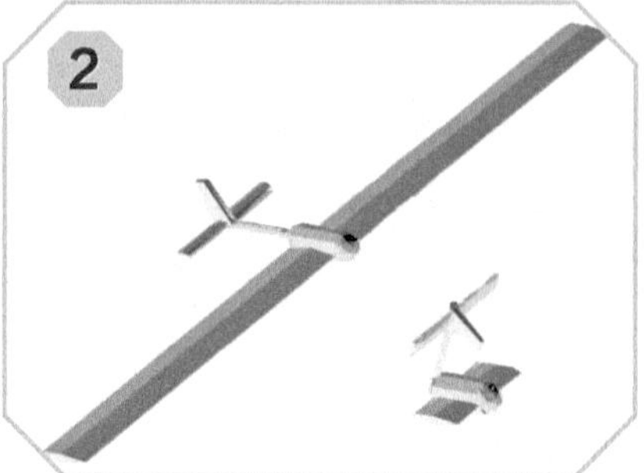

1 尾和机翼都折叠的金星飞机

2 采用可充气机翼的飞机

3 目前所能携带的大机翼的飞机

▲ 以太阳能电池为动力的金星飞机示意图

（3）金星飞机的科学任务如下。

● 飞行在大气层中的飞机有能力在不同位置取样大气层，包括不同的纬度带和高度，这样有利于研究挥发物随位置和高度的变化特征。

● 如果想要探测出金星大气层中硫的含量并确定其与金星表面位置的关系，飞机将是确定大气层中硫的丰度与特殊表面特征（如火山活动或火山喷气）是否相关的有力工具。

● 可用飞机测量金星大气层的红外吸收，可以测量大气层运动的水平和垂直分量随高度、纬度和日下经度的变化，了解它的大气层动力学。

● 用两架飞机在垂直和水平方向分开确定距离进行探测，这种探测方式可满足金星大气层详细建模的需要。

● 云中吸收粒子的特征可以通过在大气层中用化学和物理学传感器测量进行研究。

● 金星是研究温室效应最好的太阳系实验室。在金星大气层中测量到的化学失衡是微生物活动的可能信号。

● 金星上是否有生命。

● 什么因素使金星在相当近的地质年代重构表面。飞机也能环绕一些人们特别感兴趣的点，详细研究这些点，而不是均匀覆盖金星所有区域。飞机雷达研究可以采用双基模式，即一架飞机发射，另一架接收；也可以由轨道器发射信号，由飞机接收（或者相反）。总之，机载平台的科学研究可极大地扩展对金星的了解。

飞机本身能控制自己在大气层中的位置，而不会像气球那样随风飘荡，因此是一种非常有用的探索工具。通过飞机的探测，可以确切了解到金星与地球多么相似，或者多么不同，可以更好地了解地球的气候和地质史。

一次发射多探测器

俄罗斯计划于 2016 年发射金星–D（Venera D）探测器，探测器由轨道器、着陆器、气球和多颗微探测器构成。

“Venera D”中的“D”是持续时间长的意思，按照计划，着陆器在表面正常工作的时间为 30 天。

金星–D 所确定的科学目标如下。

● 研究金星大气层的结构和化学成分，包括轻的气体和惰性气体的同位素比；

● 云和大气结构；

● 研究金星表面成分、矿物学、地球化学，透视金星内部结构，研究金星表面与大气层间相互作用，火山和地震活动；

● 研究超旋的动力学和特征，辐射平衡和超级温室效应的特征；

● 研究金星高层大气层、电离层、电活动、磁层、逃逸率。

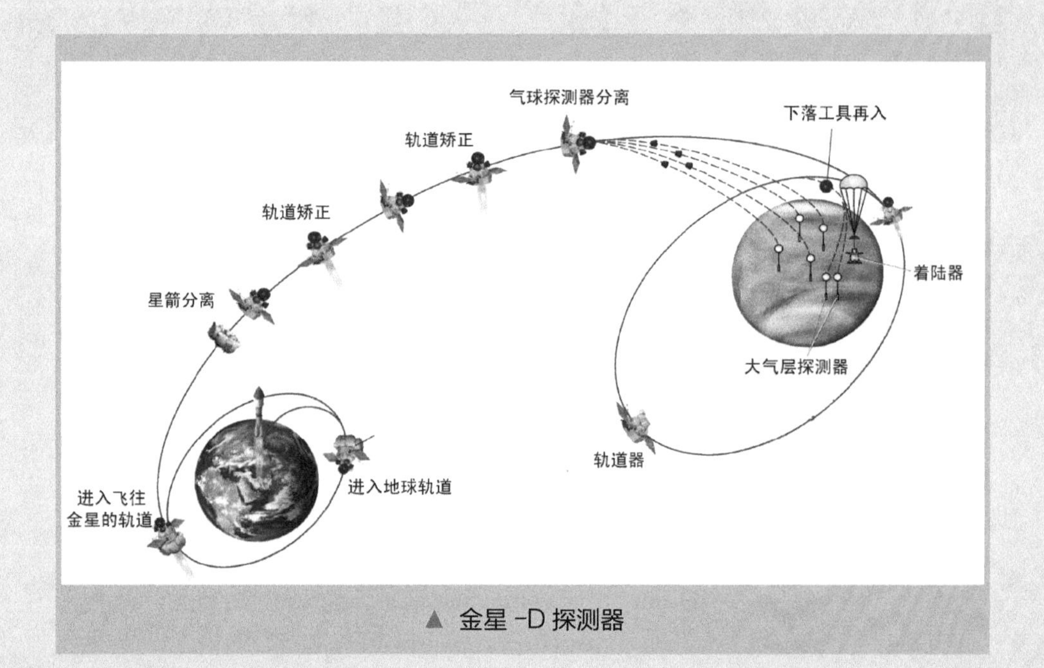

▲ 金星 -D 探测器

金星-D 各个部件的参数如下：

轨道器质量为 540 千克，其中科学负载 70 ～ 80 千克，包括红外傅里叶光谱仪、紫外和近红外绘图谱仪、紫外宽角摄像机、亚毫米探测器、掩星试验、等离子体测量包、无线电科学仪器。

气球（1）浮动在 48 ～ 50 千米的高度上，直径为 3.4 米，质量约 100 千克，负载 15 千克。包括质谱仪、测云计、激光雷达、光学测量包、加速度计、流星体测量仪、地震－声波试验、波测量包、微探测器、无线电试验。工作在 8 天以上。

气球（2）浮动在 55 ～ 60 千米高度上，直径为 3.4 米，质量约 60 千克。负载 5 千克，包括测云计、流星体测量仪、加速度计、无线电试验仪器、地震－声波试验、波测量包。工作在 8 天以上。

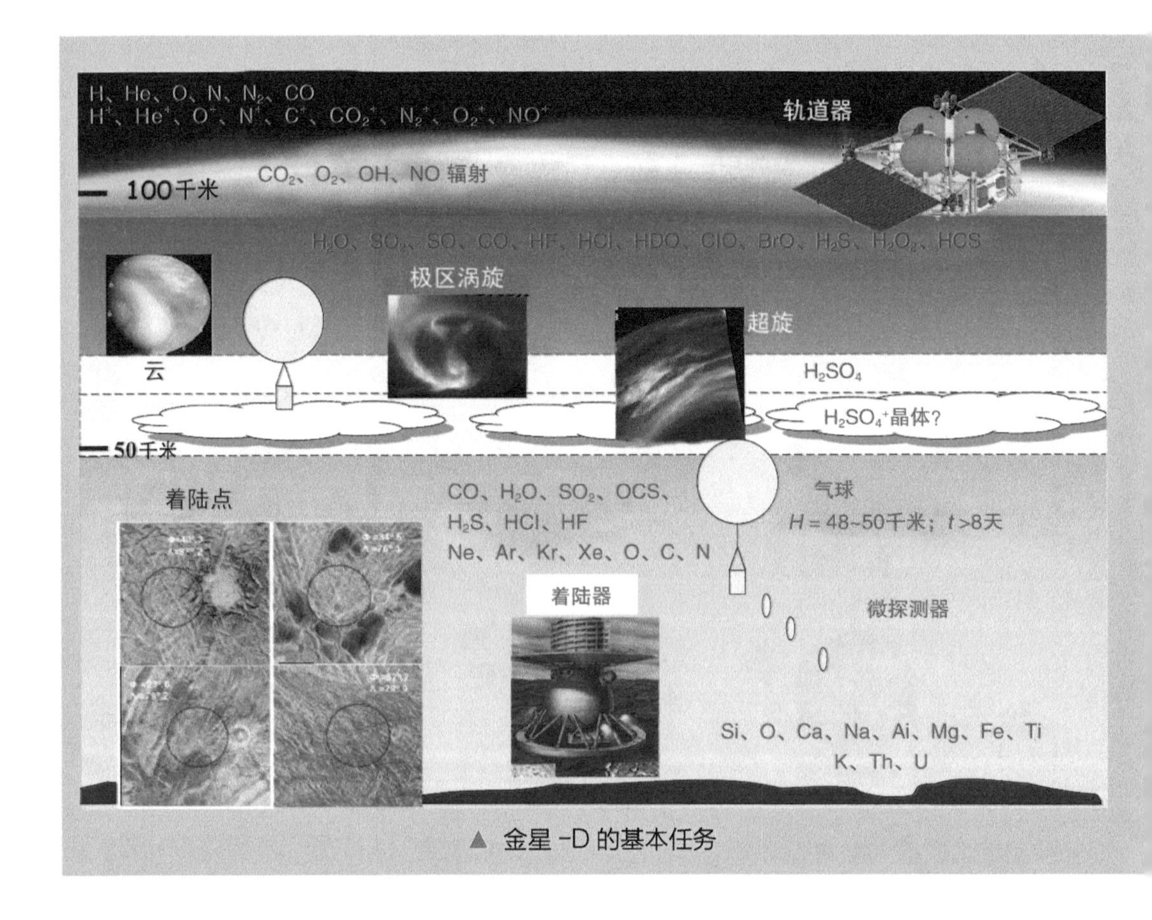

▲ 金星 -D 的基本任务

微探测器从气球上一个一个地释放，质量为 2 千克，负载达 0.5 千克。在大气层中降落的时间约 30 分钟。

着陆器：负载重 20 ～25 千克，包括质谱仪、伽马射线谱仪、粒子计数器、测云计、光学测量包、波测量包、加速度计、摄像机、地震－声波试验。表面工作时间为 30 天。

金星–D 探测计划准备两只气球在着陆器下落时在不同的高度释放，将测量大气层中的电活动。气球预计在大气层中工作 8 天。

4 颗微探测器从气球平台中落下，在它们持续 30 分钟的下落过程中，在多个位置连续测量大气层。

着陆器在下落期间研究大气层成分，着陆后分析表面和表面下 1 米深度内土壤成分。

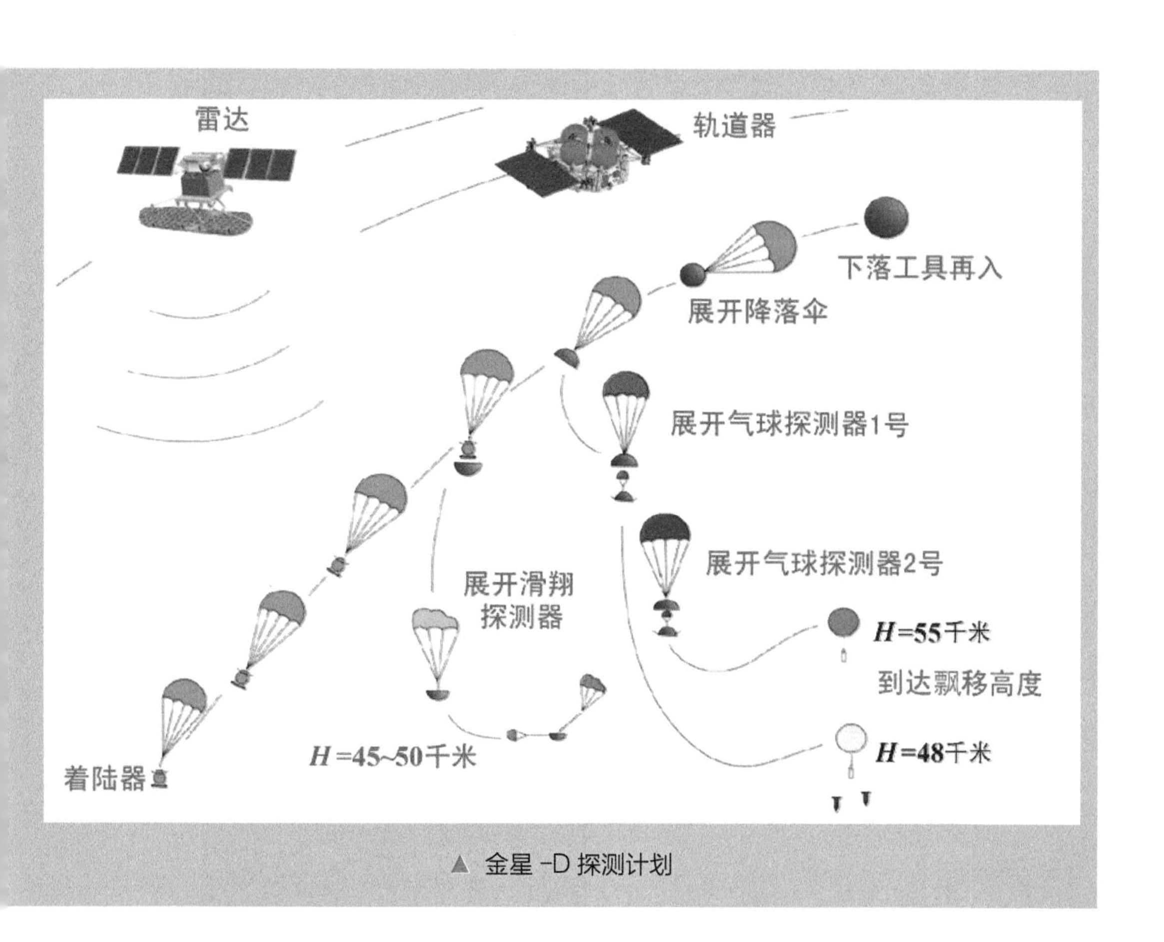

▲ 金星 –D 探测计划

拿什么奉献给你，我的读者?

——陆彩云

从神舟五号、六号载人飞船到神舟十号载人飞船，从嫦娥一号人造卫星到嫦娥五号探测器，从天宫一号空间实验室到即将发射的天宫二号空间实验室，全民对太空领域的关注达到了前所未有的高度，广大青少年对太空知识的兴趣也被广泛调动起来。但是，适合青少年阅读的书籍却相当有限。针对于此，我们有了做一套介绍太空知识的丛书的想法。机缘巧合，北京大学的焦维新教授正打算编写一套相关丛书。我们带着相同的理想开始了合作——奉献一套适合青少年读者的太空科普丛书。

虽然适合青少年阅读的相关书籍有限，但也有珠玉在前，如何能取其精华，又不落窠臼，有独到之处?我们希望这套作品除了必需的科学精神，也带有尽可能多的人文精神——奉献一套既有科学精神又有人文精神的作品。

关于科学精神，我们认为科普书不只是普及科学知识，更重要的是要弘扬科学精神、传播科学品德。在图书内容上作者和编辑耗费了大量心血。焦教授雪鬓霜鬟，年逾古稀，一遍遍地翻阅书稿，对编辑提出的所有问题耐心解答。2015年8月，编辑和作者一同在国家知识产权局培训中心进行了为期一周的封闭审稿，集中审稿期间，他与年轻的编辑一道，从曙色熹微一直工作到深夜。这所有的互动，是焦教授先给编辑们上了一堂太空科普课，我们不仅学到知识，也深刻感受到老学者的风范：既严谨认真、一丝不苟，又风趣幽默，还有“白发渔樵，老月青山”的情怀。为了尽量提高内容的时效性，无论作者还是编辑，都更关注国内外相关研究的进展。新视野号探测器飞越了冥王星，好奇号火星车对火星进行了最新探测……这些都是审稿期间编辑经常讨论的话题。我们力求把最新、最前沿的内容放在书里，介绍给读者。

关于人文精神，我们主要考虑介绍我国的研究情况、语言文字的适合性和版式的设计。中国是世界上天文学起步最早、发展最快的国家之一，我们必须将我国的天文学发展成果作为内容：一方面，将一些历史上的研究成果融入书中；另一方面，对我国的最新研究成果，如北斗卫星、天宫实验室、嫦娥卫星等进行重点介绍。太空探索之路是不平坦的，科学家和航天员享受过成功的喜悦，也承受过失败的打击，他们的探索精神和战斗意志，为广大青少年树立了榜样。

这套丛书的主要读者对象定位为青少年，编辑针对他们的阅读习惯，对全书的语言文字，甚至内容，几番改动：用词更为简明规范；句式简单，便于阅读；内容既客观又开放，既不强加理念给他们，又希望能引发他们思考。

这套丛书的版式也是编辑的心血之作，什么样的图片更具有代表性，什么样的图片青少年更感兴趣，什么样的编排有更好的阅读体验……编辑可以说是绞尽脑汁，从书眉到样式，到文字底框的形状，无一不深思熟虑。

这套丛书从 2012 年开始策划，到如今付梓印刷，前后持续四年时间。2013 年 7 月，这套丛书有幸被列入了“十二五”国家重点图书出版规划项目；2013 年 11 月，为了抓住“嫦娥三号”发射的热点时机，我们将丛书中的《月球文化与月球探测》首先出版，并联合中国科技馆、北京天文馆举办了一系列科普讲座，在社会上产生了一定的影响，受到社会各界的好评，2014 年年底，《月球文化与月球探测》获得了科技部评选的“全国优秀科普作品”；2014 年 7 月，在决定将这套丛书其余未出版的九个分册申请国家出版基金的过程中，我们有幸请到北京大学的涂传诒院士和濮祖荫教授对稿子进行审阅，涂传诒院士和濮祖荫教授对书稿整体框架和内容提出了中肯的意见，同时对我们为科普图书创作所做的探索给予了充分肯定，再加上徐家春编辑在申报过程中认真细致的工作，最终使得本套书得到国家出版基金众专家、学者评委的肯定，获得了国家出版基金的资助。

感谢我们年轻的编辑：徐家春、张珑、许波，他们在这套书的编辑工作中各施所长，倾心付出；感谢前期参与策划的栾晓航和高志方编辑；感谢张凤梅老师在策划过程中出谋划策；感谢青年天文教师连线的史静思、王依兵、孙博勋、李鸿博、赵洋、郭震等在审稿过程中给予的热情帮助；感谢赵宇环、贾玉杰、杜冲、邓辉、毛增等美术师在版式设计中的全力付出……感谢所有参与过这套书出版的工作人员，他们或参与策划、审稿，或进行排版，或提供服务。

这套书的出版过程，使我们对于自身工作有了更进一步的理解。要想真正做出好书，编辑必须将喧嚣与浮华隔离而去，于繁华世界静下心来，全心全意投入书稿中，有时候甚至需要“独上西楼”的孤独和“为伊消得人憔悴”的孤勇。

所以，拿什么奉献给你，我的读者？我们希望是你眼中的好书。

附：《青少年太空探索科普丛书》编辑及分工

分册名称	加工内容	初审	复审	审读	编辑手记审校
遨游太阳系	统稿：张珑 文字校对：张珑、许波 版式设计：徐家春、张珑 3D 制作：李咀涛	张珑	许波	陆彩云 田姝	张珑 徐家春
地外生命的 365 个问题	统稿：徐家春 文字校对：张珑、许波 版式设计：徐家春 3D 制作：李咀涛	徐家春	张珑	陆彩云 田姝	
间谍卫星大揭秘	统稿：徐家春 文字校对：许波、张珑 版式设计：徐家春	徐家春	张珑	陆彩云 田姝	
人类为什么要建空间站	统稿：张珑、徐家春 文字校对：张珑 版式设计：徐家春、张珑	许波	徐家春	商英凡 彭喜英 陆彩云	
空间天气与人类社会	统稿：徐家春 文字校对：张珑、许波 版式设计：徐家春	徐家春	张珑	陆彩云 田姝	
揭开金星神秘的面纱	统稿：张珑 文字校对：陆彩云、张珑 版式设计：张珑 3D 制作：李咀涛	张珑	徐家春	吴晓涛 孙全民 陆彩云	
北斗卫星导航系统	统稿：徐家春 文字校对：许波、张珑 版式设计：徐家春	徐家春	张珑	陆彩云 田姝	
太空资源	统稿：徐家春、张珑 文字校对：许波、张珑 版式设计：徐家春、张珑	许波	徐家春	陆彩云 彭喜英	
巨行星探秘	统稿：张珑 文字校对：张珑、许波 版式设计：徐家春、张珑	张珑	许波	陆彩云 孙全民 吴晓涛	